トランジスタ技術 SPECIAL

2015 Winter No.129

ガッチリくっついて高性能いつまでも

見ればわかる！正統派の はんだ付け［動画DVD付き］

CQ出版社

CONTENTS
トランジスタ技術 SPECIAL

特集 見ればわかる！正統派のはんだ付け[動画DVD付き]

Introduction　ゼロからのはんだ付け入門　長瀬 隆 …………………………………………4
付属DVD-ROMの内容と使い方　プロ級のはんだ付けの技を50本収録　編集部 …………6
はんだ付けを読み解くためのキーワード集　武田 洋一 …………………………………8

第1部　基礎編　まず，コモンセンスを身に付けてから始めよう

第1章　知っていると知っていないでは大違い！　信頼性に天と地の差が出る
毎日使う金属用接合剤「はんだ」の基礎知識　東村 陽子／柿崎 弘雄 ……………9
■ 250℃で溶け出す　■ はんだで接合すると何がいいの？　■ 一体化したみたいに強固にくっつく理由　■ はんだののりを悪くする酸化膜はフラックスで除去せよ　■ くっつけられない金属もある　■ はんだ付けの利点は電気的につながることだけじゃない　■ 5500年の歴史がある　■ 鉛フリーはんだ誕生の背景　■ はんだの種類　■ はんだ付けの方法　■ 環境への意識の高まりとはんだ　■ 鉛フリーはんだを確実に付けるには　■ 鉛の配合量と融点　■ 鉛フリーはんだの組成と性質　■ 添加物とはんだの性質の変化　■ フラックスの種類　■ フラックスの効果　■ フラックスを供給する方法　■ フラックスは金属を溶解する　■ フラックスのかすを洗い落とすには　■ はんだを保管する方法　■ 信頼性の試験方法　■ 鉛は毒性が高い　■ はんだの害から身を守る方法　■ フラックスもハロゲン・フリーに対応　■ 廃棄方法とリサイクル　■ 端子間をショートしてしまうイオン・マイグレーション　■ はんだがパッドからはがれるリフトオフ　■ 鉛フリーはんだでは引け巣が生じることもある　■ 鉛入りと鉛フリーはんだは何が違うの？

Appendix 1　はんだ付けの環境と姿勢を整える　平井 惇 ………………………24

第2章　はんだ／電子部品／基板／フラックスと熱との関係
知っておくと役立つ上達のための豆知識　大西 修 ………………………………26
■ はんだの特性を理解しておこう　■ 短時間でサッと，熟練者のはんだ付け　■ プリント基板やICパッケージの耐熱性を頭に入れておこう　■ フラックスの特性を知っておこう

第2部　実践編　動画を見ながらやってみよう

第3章　1回でバシッと決めよう
部品の取り付けテクニック　山下 俊一／柿崎 弘雄／浜田 智／佐々木 康弘 ………34
■ 3-1　一番よく使う抵抗やコンデンサなどの2端子部品　**Column** 抵抗は耐熱性が高く通常作業で壊れることはない　**Column** LEDは熱に弱い　**Column** コンデンサやインダクタ，ダイオードの熱特性　■ 3-2　肉眼で見えない極小2端子部品　■ 3-3　熱に弱いチップLED　■ 3-4　予備はんだが多いと浮いてしまう電解コンデンサ　**Column** 電解コンデンサは加熱しすぎると液漏れする可能性がある　■ 3-5　トランジスタなどの3端子部品　■ 3-6　熱が逃げやすい放熱パッド付き3端子部品　**Column** なぜ鉛フリーはんだが必要なのか　■ 3-7　OPアンプなどの8ピンIC　**Column** SOP，QFPの注意点　■ 3-8　メモリやマイコンなどの狭ピッチIC　■ 3-9　ブリッジを修正しにくい0.5mmピッチ・コネクタ　**Column** はんだ付けの熱で壊れることもある温度ヒューズ　■ 3-10　はんだが吸い上がりやすいストレート・コネクタ　■ 3-11　フラックスを使えない同軸ケーブル用コネクタ　■ 3-12　裏面に放熱用パッドの付いたIC　**Column** 1.3mm角の極小ICの手付けにトライ　■ 3-13　はんだやパッドの理想的な形は富士山　■ 3-14　こんな「はんだ付け」はNG

第4章　温風装置やはんだこて2本を操る
部品の取り外しテクニック　山下 俊一／柿崎 弘雄 ……………………………59
■ 4-1　2mm角以下の小型2端子部品　■ 4-2　3216サイズ以上の大型2端子部品　**Column** 部品の真下にはんだが入り込んでいるアルミ電解はこて2本で外す方が楽　**Column** 1～2秒温めたくらいでは部品が外れにくいパッドがある　■ 4-3　こちらを温めるとあちらが冷める3端子部品　■ 4-4　放熱パッドに熱を奪われる3端子部品　■ 4-5　よく使う8ピンIC　**Column** 8ピンICをこて2本で外す　**Column** 水晶振動子は熱で周波数が変わる　■ 4-6　パターンをはがしやすい多ピンIC　■ 4-7　樹脂が溶けやすいコネクタ

CONTENTS

表紙・扉デザイン　ナカヤ デザインスタジオ（柴田 幸男）
本文イラスト（横溝真理子）

2015 Winter
No.129

Appendix 2　積層セラミック・コンデンサは部品と基板を予熱しながらはんだ付けする　大塚 善弘 ……… 68

修正は確実に！奇麗に！
第5章　プリント・パターンの切り貼り術　大西 修(文)／山下 孝一／山下 俊一(動画撮影協力) … 69
■ 5-1　細いプリント・パターンをカットする　■ 5-2　太いプリント・パターンをカットする　■ 5-3　2点間をジャンパ線でつなぐ　■ 5-4　持ち上げたICの端子へジャンパ線を付ける　■ 5-5　チップ抵抗1個ぶんのパッド上に2個のチップ抵抗を実装する1…並列接続　■ 5-6　チップ抵抗1個ぶんのパッド上に2個のチップ抵抗を実装する2…直列接続　■ 5-7　取り付けパッドのない場所にコンデンサを追加する　[Column]　削りすぎ，温めすぎ注意！プリント基板

第3部　グッズ編　道具と使い方をマスタして楽々作業

こて，フラックス，吸い取り線，ピンセット
第6章　今どきのはんだ付けグッズ①…ないと始まらない小道具　宮崎 充彦／上谷 孝司／長瀬 隆／武田 洋一／平井 惇 … 74
■ 6-1　はんだこて　■ 6-2　こて先　■ 6-3　フラックス　■ 6-4　はんだ吸い取り線　■ 6-5　ピンセット　■ 6-6　用途別にいろいろあるこての種類

こて先クリーナ，有害ガス吸煙器，顕微鏡，手袋，クリームはんだキット
第7章　今どきのはんだ付けグッズ②…メーカ・オリジナルのユニーク・ツール　上谷 孝司／武田 洋一／宮崎 充彦 … 83
■ 7-1　こて先クリーナ　■ 7-2　有害ガス吸煙器　[Column]　DIP ICの足の曲がり具合を整えてくれる「ピンそろった」　■ 7-3　ルーペと顕微鏡　■ 7-4　手袋　■ 7-5　位置合わせ用接着剤とクリームはんだのセット　■ 7-6　パッドの予熱と酸化防止機能を持つN_2ガス発生器　■ 7-7　片手が自由になる糸はんだ供給器　[Column]　安価な手動式はんだ吸い取り器「はんだシュッ太郎」　[Column]　部品のリード線をスタイリングできる「リードベンダ」

部品配置から足曲げ挿入，配線まで試してみたいとき，すぐに作れる
第8章　ユニバーサル基板で回路づくり　浮森 秀一 …………………………………………… 94
■ ユニバーサル基板の基礎知識　■ ステップ1　部品配置　■ ステップ2　配線を検討　■ ステップ3　部品のはんだ付け　■ ステップ4　配線のはんだ付け

表面実装部品をユニバーサル基板に取り付け
第9章　ピン・ピッチ変換グッズ　浮森 秀一 ……………………………………………… 103
■ 9-1　マイコンなどの多ピンIC　■ 9-2　トランジスタや少ピンIC　■ 9-3　抵抗やコンデンサなど2端子部品　[Column]　チップ部品のサイズの呼称　[Column]　ユニバーサル基板の配線法「ブリッジはんだ」　■ 9-4　8ピンOPアンプ　■ 9-5　はんだが端子間に入り込むと取れなくなるコネクタ

熱風吹き出し装置，挟んで取り外す装置，低温はんだ
第10章　今どきの部品取り外しグッズ…優れものマシン　長瀬 隆／平井 惇／武田 洋一 … 114
■ 10-1　ホットエアー装置　■ 10-2　ホットツイザー　■ 10-3　プリヒータ　[Column]　鉛入り／鉛フリーはんだのぬれ広がり試験　■ 10-4　はんだ吸い取り機　[Column]　全部入り リペア・ツール　■ 10-5　ピンポイント加熱器　■ 10-6　低温はんだを使ったIC取り外しキット

Appendix 3　小電力タイプ対応のはんだこて温度調節器の製作　下間 憲行 ……………… 123
■ 制御回路のしくみ　■ 制御用ソフトウェア　[Column]　こての温度調節を可能にしたAC100 VのON/OFF制御　■ 制御波形　[Column]　ヒータの抵抗値変化を利用した温度制御の欠点

Appendix 4　これがプリント基板の組み立て工程だ！　相田 泰志 ……………………… 128

Coffee Break　鉛フリーはんだのはんだ付け作法のまとめ　長瀬 隆 ………………… 135

Supplement　納入された実装ずみプリント基板の外観チェック　芹井 滋貴 ……… 136
[Column]　はんだの付き具合を自動判定する装置

本書の執筆担当一覧 …… 140　　初出一覧 ………… 141　　索　引 ………… 142

▶ 本書の各記事は，「トランジスタ技術」ほかに掲載された記事を再編集したものです．初出誌は各章の章末に掲載してあります．記載のないものは書き下ろしです．

Introduction ゼロからのはんだ付け入門

長瀬 隆

1 入門から正統派のはんだ付けへ

● 最も古くて最も新しい接合技術

はんだ付けの歴史は古く，青銅器時代より現在までおよそ5500年の歴史があります．「はんだとはんだ付け」は，「最も古くて最も新しい接合技術」と言われています．

当初この技術は，電気電子業界では主にラジオや白黒テレビなどに使用されました．1970年代に入り，インテルと日本計算機とでノイマン型のマイクロプロセッサ i4004/4040 の 4bit CPU，その後，8bit/16bit MPU が開発され，本格的なマイクロコンピュータ時代の幕開けとなりました．こうして，基板実装密度の高度化が要求される時代になり，加えて，現在では鉛フリーはんだが標準となっています．

● はんだ付けとは

(1)「はんだ」と「はんだ付けされるワーク」の両方を適切な温度まで上昇させる（はんだこて等で）
(2) はんだに含まれるフラックスがワーク表面にある酸化膜を化学的に溶解除去する（酸化膜が除去できないと合金層ができないため，フラックスの役割は重要）
(3) はんだから溶け出た錫と基板等の銅との間で，分子同士が混ざった金属化合物ができる（Cu_6Sn_5 と Cu_3Sn）
(4) はんだ付け完了（参照：第1部 第1章「毎日使う金属用接合剤「はんだ」の基礎知識」）
(5) 最適と思われる状態を判断するためのポイントは，

図1
慣れるまで考えながら作業しよう

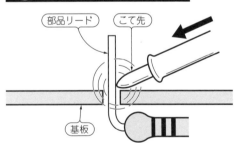

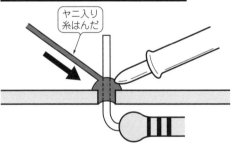

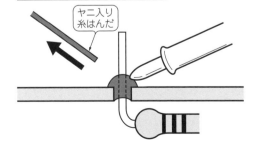

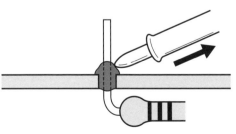

図2
はんだ付けの手順

写真1　良品

写真2　はんだ不足

はんだの「ぬれ」と「広がり」．これらの判断は経験則となるが，第2章「知っておくと役立つ上達のための豆知識」が基本となる（図1）．

● ゼロからのはんだ付け「はんだ付けの手順」を学ぶ

基本的なはんだ付け手順は以下のようになります（図2）．

① 接合部を加熱する．このとき，基板部品が変形しない程度にこて先に接触圧力をかけると，熱の伝わりが良くなる．またこて先の当て方も大切で，その接触面積が大きくなるよう，点や線ではなく，面で接合部に当てるようにする．

② はんだを供給する．ここではんだを送るタイミングが重要であり，接合部がはんだの融点にまで加熱されてから送るのが好ましい．

③ はんだを引く．その量を目でしっかり確認し，品質基準の量になるように注意する（**写真1～写真3**）．

④ こてを引く．こては素早く引き離すことが大切で，ゆっくり離すと，フィレットに突起が生じ不良になる．

2 本書の構成と活用法

本書には，はんだ付けの中級から上級の技術がたくさん紹介されています．読む方がプロであれアマであれ，教えるのは現職のプロの方々です．

写真3　はんだ過多

第1部では，はんだの基礎や常識について詳しく解説してあります．

不良の外観およびなぜ不良となるのか，またその対策は，どのようにすれば良品にできるのかをポイントとしています（図3）．

さらに，安全・衛生・環境に関する知識があります．技術者のあるべき姿として，これらの知識を十分熟知したうえで，作業の安全と衛生について運用できるように説明しています．

第2部では本書付属のDVD-ROMの動画を見ながら，はんだ付けの技術が一つ一つ習得できるようになっています（図4）．

第3部では，はんだ付け工具について詳しい解説があります．はんだ付けについてもっと知りたい方には第2部や第3部が役に立つでしょう．

図3
まず良品と不良品が見分けられるようになろう
端子のはんだ付けだが…

図4
本書の動画ではんだ付けをマスタすれば，あなたも上級作業者になれる

Introduction　ゼロからのはんだ付け入門

付属DVD-ROMの内容と使い方
プロ級のはんだ付けの技を50本収録

編集部

本書付属DVD-ROM（写真1）には次の内容が収録されています．いずれの項目も図1のIndex.htmの表示画面から利用します．

● プロのはんだ付けテクニック・ビデオ50

本書内の動画マークのある見出しに対応した動画を見ることができます．表示されている各項目をクリックすると動画が再生されます．本DVD-ROMはWindows PC用です．最新のIEとMedia Player9以上をお使いください．

PC上の見出しが紙面と若干異なるものがありますが，各項目の番号は紙面とDVDで一致しています．

● Appendix 3の関連プログラム・ファイル

図1をスクロールしていくとダウンロードできる見出しがあります．

● 動画を見る方法

index.htmをダブルクリックすると図1の内容が表示されます．

図1 DVD-ROMを起動すると立ち上がるスタート画面 Index.htmをダブルクリック．

写真1
はんだ付けのプロの技を
50本収録したDVD-ROM
のレーベル面

第3章 表面実装部品，狭小ピッチ部品のはんだ付け

抵抗，トランジスタ，MOSFET，OPアンプ，多ピンIC，0.5mmピッチ・コネクタなどをはんだ付けします．注目点は，こての動く速さ，こてを動かす方向や距離，加えるはんだの量，フラックスの塗り方，ブリッジへの対処法などです．

さらに，工程間でこて先にはんだを加えたり，基板の目視検査を行っています．はんだ付け後のパッドのクリーニングの様子も収録しています．

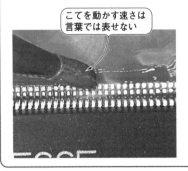
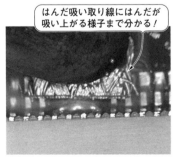
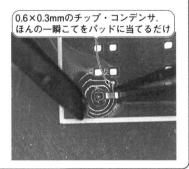

第4章 多ピンICや放熱パッド付きICの取り外し

ホットエアー装置やはんだこてを使って部品を取り外します．温風ノズルを動かす速さや方向が分かるのは動画ならではです．

チップ・コンデンサを取り外すときは，チップ外形よりも幅の広いこてを使うのが基本です．

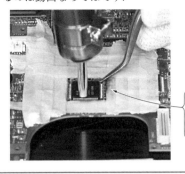

動かす速さが適切でないと基板を焦がすことも

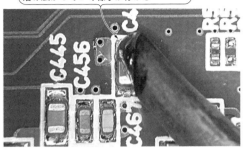

チップ・コンデンサのパッドにはんだが溶け広がっていく様子が分かる

第5章 パターン・カットや配線の追加，部品の追加方法

パターン・カットや抵抗，コンデンサの追加方法を紹介します．カッターナイフやルータの力の入れ具合，刃先を動かす速さが分かります．

ルータの刃先を上下に動かす．力を入れすぎるとパターンだけではなく下の基板を削ってしまう

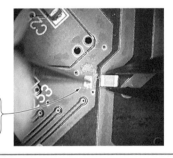

レジストを削り，銅はくをむき出しにする

第7, 10章 ちょっと高価だけどあると便利な支援ツール

はんだ吸い取り機や吸煙器，こて先クリーナなどの使い方を紹介します．仮に職場に置いてあっても，使い方の講習会などは開かれたことがないと思います．何気なく使っていた装置の正しい使い方を理解しましょう．

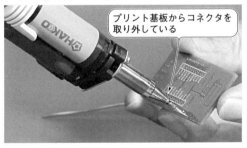

プリント基板からコネクタを取り外している

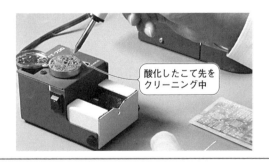

酸化したこて先をクリーニング中

● 推奨動作環境

日本語版のWindows Vista/7/8のいずれかが必要です．

クロック1GHz以上で動くCPUを推奨します．

DVDの読める光学ドライブが必要です．

ディスプレイの解像度は1024×600画素（WSVGA）以上が必要です．

ブラウザはInternet Explorer10.0以上を推奨します．

Windows Media Player9以上で動画が再生できることを確認しています．

● 協力

㈱ケイ・オール，白光㈱，㈱アバールデータ

（敬称略）

はんだ付けを読み解くためのキーワード集

武田 洋一

● フィレット

はんだ付けした後のはんだの形状．基板にDIP部品を差し込んでのはんだ付けは，断面で見ると富士山のようにすそが広がっているのが良い形状．はんだの量が多いと水滴のように丸くなり，良いフィレットとはいえない．

● フラックス

はんだ付けするときの補助剤．はんだこてで加熱することにより，基板や部品表面の酸化物を取り除き，奇麗な金属面が現れる．はんだの表面張力を低下させ，はんだの濡れ性をよくするなど，はんだ付けには欠かせないもの．

● パッドとランド

基板に電子部品をはんだ付けする個所．基本的には同じ意味だが，表面実装部品とDIP部品で使い分けることもある．

● 鉛フリーはんだ

環境問題に配慮した，鉛を含まないはんだ．錫-銀-銅系，錫-ニッケル-ビスマス系，錫-銅系などいくつかの種類がある．一般的には錫-銀-銅系が一番多く使われている．鉛を使ったはんだより融点が高い，濡れ性が悪い，固いなどで少々使いにくいが，フラックスの進化とともに改善されている．

● ヒューム

はんだ付けしたとき，はんだやフラックスが蒸気になって空気中に飛散する，その飛散物．

● FR-4

プリント基板の絶縁体(基材)材質で，ガラス・エポキシと呼ばれているもの．ガラス繊維をエポキシ樹脂で含浸して作られる．

● いもはんだ

フィレット形状の悪いはんだ付けや接触不良のはんだ付けの総称．加熱中にフラックスが蒸発してなくなってもいもはんだになる．

● イオン・マイグレーション

はんだ中の金属成分が水分でイオン化し，プリント基板の表面を移動する現象．イオンが金属に戻り，ショートする事故が発生する．

● はんだブリッジ

はんだ付けの際，隣の端子とはんだでショートすること．試作などでは故意にショートさせることもある．

● ひけ巣

鉛フリーはんだではんだ付けしたとき，はんだの温度が下がってくると，フィレットがやせて形状が変わったり，クラックのような筋が入ること．クラックとは違うが，ひけ巣が深いとクラックの原因になる．

● 予熱

基本かつ重要な作業．手はんだをするときは，まずはんだ付けする個所をはんだこてで加熱し，温まってから，はんだを当てて溶かす．鉛フリーはんだは融点が高いので，別にヒータを使って予熱することもある．

● クリームはんだ

表面実装部品はんだに使われる．はんだを直径数十μmの金属ボールにし，フラックスと混ぜ合わせたもの．

● 糸はんだ

糸のような形状のはんだ．太さは0.3～2mmくらいで各種あり，はんだ付けする個所に応じて使い分けるのがよい．フラックス入りが一般的で，各社からさまざまなものが発売されている．

● フローはんだ

基板に部品を実装するときに，はんだが溶けて液状になっている槽に基板を浸けてはんだ付けする．はんだ槽の大きさが一度にはんだ付けできるサイズ．

● リフロはんだ

表面実装部品をはんだ付けするときは，クリームはんだの上に部品を載せる．クリームはんだを溶かすとき，高温になっているトンネル状の機械(リフロ炉)の中を通ってはんだ付けする手法．

第1部 基礎編 まず,コモンセンスを身に付けてから始めよう

第1章
知っていると知っていないでは大違い！
信頼性に天と地の差が出る

毎日使う金属用接合剤「はんだ」の基礎知識

東村 陽子／柿崎 弘雄

> はんだは電子部品の電極と基板の銅パッドとを金属的に結合します．また，化学材料を用いた接着剤と違い，電気や熱をよく伝えるという利点があります．ここでは，よりはんだ付けが上手にできるように，当たり前のように使っているはんだの特性，特徴を見直してみましょう．

はんだの正体は教科書にもあまり書かれていません．はんだとは，金属同士を比較的簡単に接合できる金属です．また，電気や熱をよく伝えることから電子部品の接続に多く使われています．

はんだは家電製品はもちろん，自動車や鉄道，航空，宇宙，海洋，医療，情報分野で使われる機器の製造に欠かせない接合材料です．

基礎知識①
250℃で溶け出す

はんだは，450℃未満の融点を持つろう材です．母材金属を溶かすことのない融点になっています．溶けたはんだは母材金属に濡れ広がり，金属反応により母材同士を接合します．

主に，Sn(錫)という融点232℃の金属元素にさまざまな金属を配合した合金です．ろう接の分野では融点450℃以上のろう材を「硬ろう」と呼ぶのに対し，「軟ろう」とも呼ばれますが，一般には「はんだ」と呼ばれます．

はんだ付けは，通常250℃前後の温度で行われます．エレクトロニクス製品に広く使われるプラスチックやケーブルを，溶かしたり焦がしたりせずに接合できるため，エレクトロニクス製品の部品の接合に広く使われます．しかし硬ろうのように，500℃以上に温度を上げて接合する材料では部品を焦がしてしまい使用できません．

基礎知識②
はんだで接合すると何がいいの？

以下に，はんだ付けの利点を整理します．

- 金属的な結合をしているため接合強度が高い
- 化学材料を原料とした接着剤と違って電気や熱をよく伝える
- 溶接と比較して低コスト
- 母材を溶かさずに接合できるため，母材の質や寸法の変化が少ない
- 低い温度での接合が可能であるため，基板や部品に対するダメージが少ない
- 異種母材の組み合わせの接合が可能
- 接合部の補修，再接合が可能
- 軽薄短小の高密度実装が可能
- 機械的接合と電気的接合，気密性の確保を同時に実現
- こて法，ディップ法およびリフロ法など，多様なはんだ付けが選択可能

基礎知識③
一体化したみたいに強固にくっつく理由

はんだは，どうして金属を溶かさないで金属的に接合させることができるのでしょうか．

写真1は，銅パッドへ鉛フリーはんだではんだ付けした部分の断面写真です．この写真の母材金属の銅とはんだとの界面に，銅とはんだの中間の色の層状のものが形成されています．これは合金層と呼ばれるもので，はんだ中の錫(Sn)と銅(Cu)の化合物です．

図1の模式図で説明しましょう．250℃程度(はんだ付け温度)でははんだは溶けていますが，Cu(融点1083.4℃)は固体のままです．この接触面ではんだ中のSnとCuが拡散し合い，金属間化合物を形成します．そして，はんだとCuの金属的な結合が起こり，はん

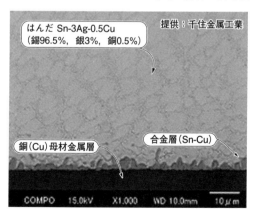

写真1 金属とはんだが溶け合うと合金層ができる
一体化したかのように強固に金属同士が接合され，電気的につながるようになる．

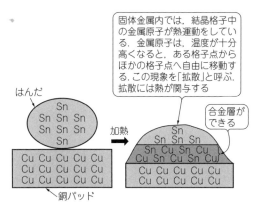

図1 はんだは銅(Cu)と錫(Sn)を一体化させる

固体金属内では，結晶格子中の金属原子が熱運動をしている．金属原子は，温度が十分高くなると，ある格子点からほかの格子点へ自由に移動する．この現象を「拡散」と呼ぶ．拡散には熱が関与する

基礎知識④
はんだののりを悪くする酸化膜はフラックスで除去せよ

はんだ付けには，フラックスという液状の薬品を使用します．これは，通常ははんだ付けしたい金属やはんだの表面が，酸化膜に覆われているからです．そのままではこの酸化膜がバリアとなって金属原子の拡散を阻止してしまうので，はんだ付けができません．そこで，この金属酸化膜を除去するクリーナとして，フラックスが使われます．

このフラックスの作用も含めて，はんだ付けプロセスの完了までをまとめると，図2のようになります．

基礎知識⑤
くっつけられない金属もある

はんだ付けできないはんだと金属の組み合わせがあります．言い換えると，基本的にははんだと合金層を形成することができる母材にしかはんだ付けはできません．

はんだと母材金属の合金層形成の関係をまとめたものを表1に示します．

基礎知識⑥
はんだ付けの利点は電気的につながることだけじゃない

はんだ付けの目的は，主に次の三つです．
(1) 電気的または熱的接続

二つの金属を接合して，電気的または熱的導通をとります．これは皆さんになじみがあるでしょう．

だ付けが完了します．これがはんだ付けのメカニズムです．

ここで大切なのは，「はんだは溶融して単にCuの上に溶け広がっているのではなく，金属間化合物という合金層を形成している」ことです．単にはんだが溶けて母材金属の表面に広がっているだけでは，はんだがCuの上に乗っているだけであり，接合部は簡単に取れてしまいます．

この反応は非常に速く，こてを使ったはんだ付けでも体験できるように数秒程度で完了します．この反応が起きると，はんだとCuの界面が富士山の裾野のように小さい接触角を持ちます．はんだが濡れ広がった部分をフィレットと呼び，はんだがよく付いたかどうかは，この角度を見ればおおよそ見当が付きます．この接触角が大きい場合は，はんだがよく濡れていないことになります．

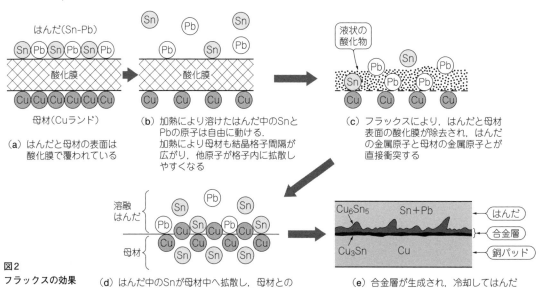

図2 フラックスの効果 はんだののりが良くなる理由．

表1 はんだとベース金属との間にできる化合物

はんだ成分 ベース金属	Sb	Bi	In	Pb	Sn
Cu	$Cu_{13}Sb_3$ Cu_2Sb	—	Cu_9In_4 $CuIn_2$ Cu_4In_3	—	Cu_3Sn Cu_6Sn_5
Au	$AuSb_2$	Au_2Bi	$AuIn$ Au_9In_4 Au_4In $AuIn_2$	Au_2Pb $AuPb_2$	Au_6Sn $AuSn$ $AuSn_2$ $AuSn_4$
Ni	$Ni_{15}Sb$ Ni_3Sb Ni_7Sb_3 $NiSb$ $NiSb_2$	$NiBi$ $NiBi_3$	Ni_3In $NiIn$ $NiIn_3$ Ni_2In_3 Ni_3In_7	—	Ni_3Sn Ni_3Sn_2 Ni_3Sn_4
Ag	Ag_xSb_y Ag_3Sb	—	Ag_3In Ag_2In $AgIn_3$	—	Ag_6Sn Ag_3Sn

(2) 機械的接続

二つの金属を接合して両者の位置関係を固定します。昔の自動車のラジエータの銅のフィンは、はんだで接合されていました。

(3) 密閉効果

はんだ付けすることにより、その部分から水や空気、油などの流入を防ぎます。ほかにも、金属表面をはんだめっきすることで、防錆処理やはんだ付けしやすい表面とするための予備はんだめっきにも使われます。

― 基礎知識⑦ ―

5500年の歴史がある

はんだ付けは、今日の最先端のエレクトロニクス技術を支えるとともに、古くから使われてきた接合材料であることから、「最も古くて最も新しい接合技術」とも言われています。

その起源は、古くは青銅器時代までさかのぼるとされており、紀元前約3500年前から現代まで約5500年の歴史があるとされています。さらに、ローマ遺跡の水道管の接続に使用されていたSnPb系の「はんだ」も発掘されたため、西暦300年ころには、一般に金属と金属とを接合する役目をしていたと考えられています。日本では、平安時代の「和名類聚抄(わみょうるいじゅしょう)」に記述があります。

数千年前に発見されたはんだは、それ自体は基本的には変化することなしに現代のエレクトロニクス社会を支える接合技術として使用され続けており、今日でもはんだに代わる実用的な接合材料が見当たらないほどの大発見と言えます。

― 基礎知識⑧ ―

鉛フリーはんだ誕生の背景

一般的に最も多く使われているのはSn-Ag-Cu組成のはんだです。

有害なPb含有はんだを使用しないという世界的な流れを受けて、日本ではJEITAや日本溶接協会、大学や企業などが共同で、鉛フリーはんだの開発を進めてきました。その中でもSn-Ag-Cu系のはんだは、信頼性やはんだ付けの作業性に優れるなど、バランスのとれたはんだとして1990年中ごろから本格的に使用されはじめました。Sn-Ag-Cu組成のはんだは、それから10年以上経過しても市場で信頼性などの問題がほとんど起こらず、IECやISOといった国際規格にも採用され、グローバル・スタンダードになった日本発の代表的な鉛フリーはんだです。

しかし今日では、Sn-Ag-Cu系以外にもさまざまな組成の鉛フリーはんだが開発され使われています。それは、使用環境や用途、コストの要求に合わせてさまざまな鉛フリーはんだが必要とされてきたためです。特に近年は銀の価格高騰に伴い、低Ag系およびAgレスのはんだや低温鉛フリーはんだに注目が集まっています。

― 基礎知識⑨ ―

はんだの種類

はんだの種類は、材料と形状で分類されます。形状には塊状、棒状、板状、線状、粉末状、ボール状などがあります(写真2)。さらに、用途に合わせてはんだ材をワッシャ、リング、ペレットなどの形状に加工したプリフォーム材などがあります。

はんだは柔らかいため、目的に合わせて自由にその形状を選択できます。

● 棒はんだ…はんだ槽で使う

棒はんだは、はんだを棒状に加工したものです。代表的な鉛フリー棒はんだの寸法は、長さ約450 mm×厚さ約8 mmです。これをはんだ槽やはんだポットに入れて溶解させ、はんだ付けしたい部品をこの溶融はんだ中に浸漬してはんだ付けします。

● 線はんだ(糸はんだ)…こてによるはんだ付けで使う

線はんだは、線状ではんだ付け部に供給し、加熱溶融してはんだ付けするのに使用します。糸はんだとも呼びます。自動はんだ付け装置のはんだ槽のはんだ液面の高さを、液面センサによって自動で管理する際の自動給線用としても使われます。

フラックス入りはんだは線状はんだの一種です。中心にフラックスの芯が入っており、人手によるはんだ付けに使用します。

使われる線径は0.3 mm、0.6 mm、1.0 mmなどです。

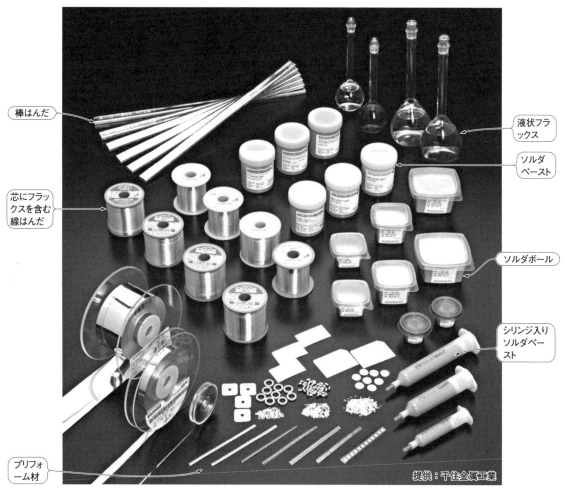

写真2 はんだのいろいろ
千住金属工業㈱の製品．

細いものはチップ部品に，太いものはトランスやリード部品のはんだ付けに使われています．

● ソルダペースト…リフロで使う

　ソルダペーストは，ソルダパウダとフラックスを混練し，ペースト状にしたものです．基板上に印刷し，その上にチップ部品を載せてリフロする表面実装に使われます．ソルダペーストをシリンジ（注射器のような構造）に入れて，先端にノズルを付けてシリンジに圧縮空気を入れて先端からソルダペーストを吐出する工法もあります．

● ソルダボール…BGAのはんだ付けに使う

　ソルダボールはBGA（Ball Grid Allay）電極のはんだ付けに使われます．ソルダボールは，小さいものでは直径60μmの品もあり，高集積化や高密度実装化に役立っています．

● プリフォーム材…リフロで使う

　プリフォーム材は，はんだ付けしたい部分の形状に合わせ，あらかじめはんだを成型加工したもので，はんだ量やはんだ付け面積を一定にできる利点があります．

― 基礎知識⑩ ―

はんだ付けの方法

● リフロはんだ付け

　基板にはんだペーストを塗布して，部品を搭載したあとに熱を加えてはんだを溶融し，はんだ付けを行う方法です．携帯電話や携帯音楽プレーヤ，ディジタル・カメラや小型のビデオ機器の基板など，高密度の表面実装によく使われます．

　図3にリフロはんだ付けの模式図を，図4に温度プロファイルを示します．リフロ温度は，はんだの融点以上，部品の耐熱温度（通常240℃）以下にする必要があります．

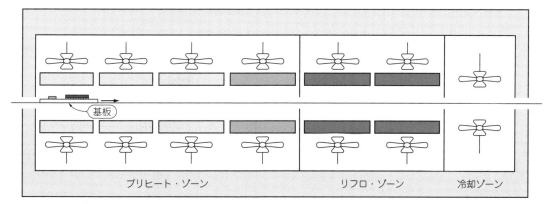

図3 リフロ炉の構造

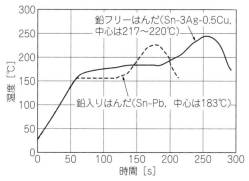

図4 リフロ炉の温度プロファイル例

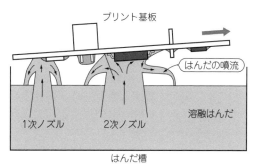

図5 フローはんだ付け
はんだ槽から溶融したはんだが沸き出す.

● フローはんだ付け

基板に部品を搭載したあと,液状のフラックスを塗布し,溶融したはんだを接触させてはんだ付けを行う方法です.表面実装も挿入実装も可能ですが,前者を行う場合は接着剤などで部品を固定する必要があります.図5にフローはんだ付けの模式図を示します.

● こてはんだ付け

はんだ付け部にこてを当て,やに入りはんだを供給しながらはんだ付けする方法です.近年,部品の小型化によりはんだ付け方法もリフロやフローなどで自動はんだ付けが増加しており,こてはんだ付けは減少する傾向にあります.コネクタの後付けや修正工程など,自動化が困難な個所にはこてはんだ付けが使われています.

低予算で簡単に導入できますが,作業者によって品質の差が出やすい方法です.しかし最近では,性能が良い自動はんだ付けロボットも普及しており,より安定したはんだ付けを可能にしています.

― 基礎知識⑪ ―
環境への意識の高まりとはんだ

はんだには5000年余りの歴史がありますが,その中で基本的な役割を担ってきたのはSn-Pb系はんだです.しかし近年,図6に示すように鉛による地下水の汚染が問題になり,環境負荷物質である鉛の全廃に向けてさまざまな規制が行われるようになりました.

● EU
▶RoHS指令

環境負荷物質を低減するため,2006年7月1日に施行されました.カドミウム,水銀,鉛,6価クロム,

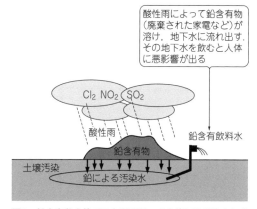

図6 鉛含有物を捨てると巡り巡って人体に取り込まれることになる

PBB(ポリ・ブロモ・ビフェニル)，PBDE(ポリ・ブロモ・ジフェニル・エーテル)の持ち込みを禁じています．

▶ELV

End-of Life Vehiclesは自動車に鉛の使用を禁ずるもので，2003年7月に施行されました．プリント基板およびその他に使用されるはんだ中の鉛については，2015年から適用される可能性があります．

● 日本…J-Moss

電気電子機器に含有される化学物質の表示に関するJIS規格の略称です．JIS規格の正式名称は，「電気・電子機器の特定の化学物質の含有表示方法 JIS C 0950」です．対象となる6物質はRoHSと同じです．

● 中国…中国電子情報製品汚染制御管理方法

中国版のRoHSです．2007年3月1日に施行されました．このような規制が始まり，鉛入りはんだの大半は鉛フリーはんだへと切り替わりました．とはいえ，鉛85％以上の高温はんだを使っている部品では適当な代替の高温鉛フリーはんだがないことから，完全には鉛フリーはんだへ置き換わっていません．現在も，さまざまな鉛フリーはんだが開発検討されています．

---基礎知識⑫---

鉛フリーはんだを確実に付けるには

鉛フリーはんだは，Sn-Pb共晶はんだに比べて融点が高く，電子部品の耐熱温度との差異が小さいという特徴をもっています．

鉛フリーはんだは，鉛入りはんだに比べて機械的信頼性が高く，イオン・マイグレーション(後述)が発生しにくい，環境への負荷が低いといった利点があります．

一方，鉛入りはんだに比べて濡れ性が悪い，溶融温度が高いなどの欠点があります．以下にはんだ付けのポイントを説明します．

● リフロはんだ付け…融点が高いので均一に加熱する

プリヒート温度を高めに設定し，ピーク温度を抑えて均一に加熱します．搭載部品/基板の種類，形状によって熱容量が異なるので，基板ごとにプロファイルを設定します．

● こてはんだ付け…こて先を冷やさないように

はんだ付けの最適温度は，はんだの融点プラス50～100℃程度です．鉛フリーはんだSn-3Ag(銀)-0.5Cu(銅)の場合は融点が220℃なので，適切なはんだ付け温度は250～300℃程度です．

はんだ付け作業の際の部品の温度は，実際のこて先の温度より低くなります．部品の形状や熱容量によって変わりますが，こて先の設定温度は320～360℃程度が一般的です．

● フローはんだ付け…銅が溶け出すとDIP槽の温度が上がるので銅の濃度を管理する

鉛フリーはんだを使ったはんだ付けのポイントを以下に示します．

- プリヒート温度：部品面パッド上のピーク温度が100～130℃
- はんだ槽温度：250～260℃
- コンベア速度：0.8～1.4 m/分
  (基板の種類により異なる)
- ディップ時間：1次が1～2秒，2次が2～3秒，計4～6秒，最大10秒
- はんだ浸漬状態：槽の高さ，噴流高さによって調整する
- はんだ成分の管理(成分分析)：分析頻度は半年に1回，成分管理は銅濃度が0.5～1.0％，鉛濃度が0.1％以下であることを確認する

フローはんだ付けを行うと，基板上のパッドから銅が溶け込み，銅の含有率がはんだ付け枚数とともに増加してきます．銅が1％を超えると，はんだの融点が上昇し，はんだ付け不良が出やすいので，定期的にはんだ槽中の金属成分を分析し，管理幅内に維持する必要があります．

---基礎知識⑬---

鉛の配合量と融点

図7は，Sn-Pbはんだの状態図です．

融点が232℃の錫と，融点327.5℃の鉛の配合割合によって，融点が変化します．はんだ付け温度に合わせてはんだを選択できます．

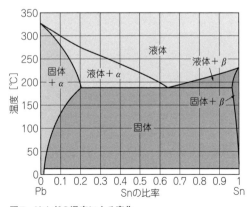

図7 はんだの温度による変化

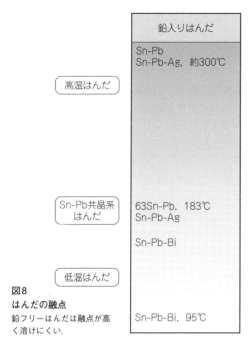
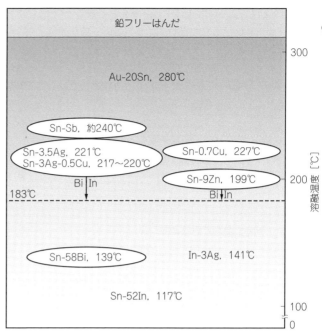

図8
はんだの融点
鉛フリーはんだは融点が高く溶けにくい．

　このうち，63Sn-37Pbはんだは共晶はんだと呼ばれ，183℃で液体から固体に変化するため，はんだ付けしやすく，代表的なはんだとして長く使われてきました．
　また，鉛リッチのSn-95Pbはんだは，融点が300℃と高く，柔らかいため熱疲労にも強く，高温はんだとして現在でも使われています．

--- 基礎知識⑭ ---

鉛フリーはんだの組成と性質

　図8に，各はんだの融点を示します．

● Sn-Ag-Cu系…鉛入りはんだの代替として広く使われる

　3元共晶点に近いSn-3Ag-0.5Cu（錫96.5%，銀3%，銅0.5%）はSAC705と呼ばれ，Sn-Pb共晶はんだの代替として広い分野で用いられています．近年ではAgの価格高騰により，Agを3%以下にした低Agの汎用品も増えてきました．耐熱信頼性（熱疲労やクリープ）が高いという特徴があります．共晶はんだでないためはんだが一度に凝固せず，はんだ付け部の外観がやや白っぽく見える場合があります．

● Sn-Ag…昔からある鉛フリーはんだ

　代表的なはんだ組成はSn-3.5Ag（錫96.5%，銀3.5%）です．このはんだは融点が221℃であり，Sn-Pbはんだ（共晶温度183℃）が使用されていた時代には，高温はんだとして長く使用されてきました．現在でも代表的な鉛フリーはんだの一つですが，Sn-Ag-Cuはんだと融点がほとんど同じため，鉛フリーはんだの中では高温はんだとしての扱いはされなくなってきました．

● Sn-Cu…安い

　銀を含まないのではんだの価格が安く，フローはんだ付けで使われることが多い合金です．共晶温度が227℃で，外観は滑らかで光沢があります．

● Sn-Zn(Bi)…融点は低いがあまり使われない

　Sn-Pb共晶はんだと近い溶融温度を持ち，溶融温度域も狭くできます．原材料も比較的安価ですが，銅接合部との高温高湿環境下での強度劣化，鉛を含むめっきと使用するときのリフトオフ(Bi)，酸化しやすい(Zn)などの問題があり，あまり使用されていません．

--- 基礎知識⑮ ---

添加物とはんだの性質の変化

　はんだにほかの金属を添加すると，はんだの性能を改善できます．Sn-Pbはんだへの各種添加元素の影響をまとめると以下のようになります．

● 銀(Ag)添加…融点が下がって強度が上がる

　Agを少量入れると溶融点が下がり，強度とはんだ広がり性が良くなります．また，銀や銀めっきなどにはんだ付けするときの銀食われ現象を抑制する効果もあります．添加する場合は，0.5～2%程度混入するのが一般的で，3%以上の混入は粒状が目立ち外観が悪くなり，作業性にも影響が及びます．

● ビスマス(Bi)添加…融点は下がるがもろくなる

　ビスマスを添加すると融点が低くなるという効果があるものの，もろくなるという性質もあります．ステップ・ソルダリング(初めに高温系ではんだ付けを行い，そのあと低温系ではんだ付けを行う方法)などに使われます．

● アンチモン(Sb)添加…強度や電気抵抗が上がる

　少量の添加で機械的強度を上げることができますが，電気抵抗も上がるという特徴があります．多く含むともろく固くなり，流動性や接合性が悪くなります．

● 銅(Cu)添加…融点と強度が上がる

　融点が上昇し，接合強度が増します．はんだ中に銅を数％含有させたはんだは，銅細線をはんだ付けするときの銅喰われを抑制します．これは，はんだ中にあらかじめ銅が含有されていることで，銅細線からはんだへの銅の拡散が防止されるためです．

― 基礎知識⑯ ―
フラックスの種類

　フラックス(flax)は，ラテン語で「流れる(英語のflow)」を意味するとされます．フラックスには大きく分けて3種類あります．

● 樹脂系

　樹脂系フラックスの主成分であるロジンは，杉や松針葉樹の樹液である松ヤニを精製して作られます．ロジンに含まれる樹脂酸の分子内にあるカルボキシル基などの活性基が酸化銅と反応し，酸化膜を除去します．

　このような樹脂系フラックスは，ロジンだけでもはんだ付けが可能ですが，はんだ付けの作業性はよくありません．作業性を改善するために添加される物質を活性剤と呼んでいます．活性剤として有機酸，アミン，ハロゲン系活性剤などが添加されます．

● 有機酸系

　有機酸系フラックスには，水をベースにして有機酸系活性剤を添加したものと，アルコールや溶剤をベースにして有機酸系活性剤を添加したものがあります．

● 無機系

　無機系フラックスは活性剤に無機酸や無機塩を使用し，ベースにグリセリンやポリエチレン・グリコールなどの水溶性物質を使用したタイプと，ワックスやワセリンなどの非水溶性物質をベースにしたタイプがあります．無機酸，無機塩によって強力な活性力が得られるものの，残渣(ざんさ)による腐食性も大きいので，はんだ付け後は洗浄する必要があります．

― 基礎知識⑰ ―
フラックスの効果

● 表面清浄作用

　金属表面の酸化膜を化学的に除去し，はんだ付け可能な清浄面にします(図9)．ただし，油やゴミなどを除去する作用はないので，はんだ付けを行う場合ははんだ付け部が汚れていないかあらかじめ確認します．

● 再酸化防止作用

　はんだ付け中の金属と溶融状態のはんだは，加熱の影響により常温と比較して酸化が著しく進行します．フラックスは金属表面を覆い，空気との接触を遮断して加熱による再酸化を防止します．

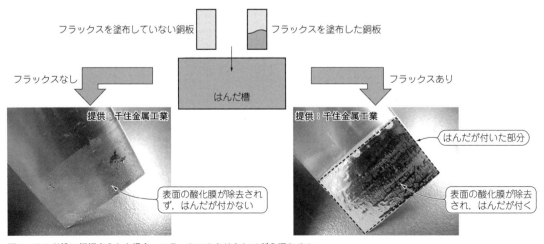

図9　はんだ槽に銅板を入れた場合，フラックスのありなしでどう濡れるか

● 界面張力の低下作用

溶融したはんだの表面張力を小さくして、はんだの濡れを助けます。

---基礎知識⑱---
フラックスを供給する方法

ソルダ・ペーストやフラックス入りはんだは、はんだとフラックスが混合されているため、フラックスを別に供給する必要はありません。しかし、長時間空気にさらされると経時変化を起こす場合もあるので、長時間放置してしまったペーストは廃棄します。また、フラックス入りはんだの先端は、10cm程度切ってから使用した方がよいでしょう。

フローはんだに使用される液状のフラックスはスプレーやはけで、ボールはんだをはんだ付けする場合のフラックスはピン転写などで供給されるのが一般的です。

鉛フリーはんだは、Pb-Sbに比べて濡れ性が悪くなります。そのため、やに入りはんだでスルーホールなどをはんだ付する際に、濡れ上がりが悪いと感じるときがあるかもしれません。その場合は、液状のフラックスをはんだ付け部に刷毛で塗布すると、濡れ上がりやすくなります。

---基礎知識⑲---
フラックスは金属を溶解する

フラックスに含まれている活性成分は、はんだ付け温度で金属の表面酸化物を化学的に溶解します。その際に、活性成分が非常に多く配合されているフラックスを用いたり、フラックス残渣が高い温度や高い湿度の環境に保持されていると、フラックスが金属を溶解して腐食反応を起こし、はんだ付け部が変色することがあります。

一般に水分がなく、温度も常温付近であれば腐食速度は非常に遅く、問題も起きません。

フラックスにどの程度の腐食性があるのかを知る方法として、加速試験が用いられます。加速試験の方法は国際規格（ISOなど）や国内規格（JIS）によって定められていますが、自分たちが使う基板に合わせて独自に試験や規格を定めている会社も数多く見られます。

---基礎知識⑳---
フラックスのかすを洗い落とすには

フラックスの残渣は、絶縁抵抗性や腐食など信頼性に影響があります。より高い信頼性を得るため、また、はんだ付け部に樹脂をコーティングしたり、接点として使用する場合などは、フラックス残渣を洗浄して表面を奇麗にする必要があります。

ロジン系フラックスは有機溶剤で、水溶性フラックスは温水で洗浄します。ロジン系フラックスの大部分は無洗浄でも絶縁抵抗や耐腐食性があるため、洗浄せずに使用されることが多いようです。

---基礎知識㉑---
はんだを保管する方法

はんだは金属なので、日光や湿度が加わると表面が酸化し、はんだ付け性が劣化しやすくなります。

● やに入りはんだ…風通しの良い場所に屋内貯蔵

屋内に貯蔵します。高温多湿を避け、乾燥した風通しの良い場所を選んでください。

● はんだペースト…冷蔵庫に保管

0～10℃の冷暗所（冷蔵庫）で保管してください。低温度で保管することで、はんだペーストの経時劣化（粘度変化、分離、はんだ付け性の低下）を抑制します。

シリンジ詰め容器の場合は、品質保持のため吐出口を下にして、立てて保管します。使用する場合は、はんだペーストを室温まで戻し、よく混ぜてから使います。

● 液状フラックス

涼しく換気の良いところ、火気のないところに保管します。

---基礎知識㉒---
信頼性の試験方法

鉛フリーはんだの代表的な組成であるSn-Ag-Cuはんだは、一般的に鉛入りはんだに比べて長寿命といわれています。鉛フリーはんだが導入されてから10年以上経ちますが、はんだメーカに在籍する筆者ですが、はんだ付け部がはがれたり壊れたりするといった事例は報告されておらず、その信頼性の高さが証明されています。

● はんだ付けの信頼性とは

信頼性が高いはんだ付けとは、はんだ付け部が十分な強度を持って、電気的または熱的な接続を長時間維持するように接合する作業です。そのための評価が数多く行われています。

代表的な試験は、温度サイクル試験とクリープ試験です。ほかにも、接合強度を測るシェア試験や落下衝撃試験、さまざまな雰囲気での耐候性試験、曲げ試験などがあります。

● 温度サイクル試験…熱膨張の繰り返しに対する強さが分かる

温度サイクル試験は，電気製品を高温と低温の雰囲気へ交互にさらします．部品や基板，はんだとの熱膨張率の違いによるストレスを加えることで，熱疲労破壊を起こさせる試験です．破壊までの温度サイクル数を数えます．

人命に関係する自動車用電子機器などでは，特に厳しい条件(-35℃から+120℃)で行います．図10に，鉛フリーはんだの温度サイクル試験結果を示します．

● クリープ試験…引っ張りに対する強さが分かる

クリープ試験は，一定の荷重を継続して加えることではんだが徐々に伸び，ついには破断してしまうまでの時間を測ります．

基板をきつくねじ締めしたり，重い部品をはんだ付けしたりしたあとに，はんだ付け部に応力が継続して加わる場合，破断が起こる可能性があります．

図11に，鉛フリーはんだのクリープ破断試験の結果を示します．鉛フリーはんだの信頼性が高いことが分かります．

基礎知識㉓

鉛は毒性が高い

● 毒性が高い金属…手洗いとうがいは欠かせない

Pb(鉛)やHg(水銀)，Cd(カドミニウム)などは，金属元素の中でも毒性の高い重金属として知られています．このうち，鉛の有害性については2008年におもちゃが輸出中止になった事件がありました．海外でおもちゃに使用されていた塗料成分に鉛が使われ，子供がそれをなめたときに鉛中毒になるのではないかと大きな社会問題になったのです．

はんだを手で触った後は手洗いやうがいをし，はんだを体内に取り込まないようにしましょう．

● 煙には鉱物性の粉塵(ふんじん)が入っている…換気が必要

はんだ付けの加熱によって，わずかにはんだのヒューム(鉱物性粉塵)が発生します．そのヒュームを吸引しないように，換気やダクトによる排気，必要に応じて保護メガネを着用するなどして身体の安全を確保してください．

はんだ付けによって生ずるヒュームは，フラックスによるものがほとんどです．液状フラックスとペースト状フラックスには溶剤が含まれています．液状フラックスやはんだペーストの容器には，有機溶媒中毒予防規制によって義務付けられた表示が添付されています(図12)．

この規則では第1種溶剤，第2種溶剤，第3種溶剤の三つに区分されており，フラックスに使われる溶剤の多くは第2種溶剤に属しています．それぞれのタイプで使用量が規制され，換気などの設備や取り扱い作業者に対しての健康診断も義務化されています．

フラックス中のロジン(松やに)や活性剤も，はんだ付けの温度で分解したり揮発したりして，ヒュームと

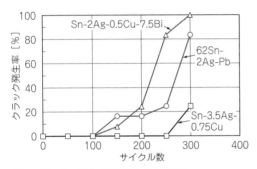

図10 鉛フリーはんだの温度サイクル試験

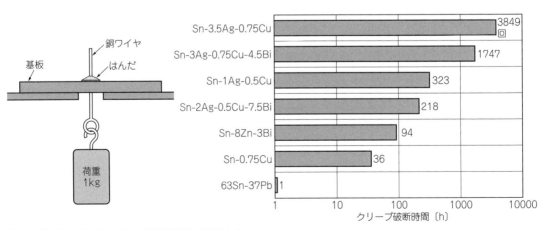

図11 鉛フリーはんだのクリープ特性(125℃，荷重1kg)

化学物質の名称	イソプロピル・アルコール		
危険			
危険有害性の情報 引火性の高い液体および蒸気，皮膚や眼への刺激性など，呼吸器や経口毒性など			
安全対策 この製品を使用する際に飲食または喫煙をしないこと．熱，火花，裸火，高温のようなもの，着火源から遠ざけることなど			
保管 容器を密閉して，涼しく換気の良いところで施錠して保管すること			
廃棄 内容物や容器を都道府県知事の許可を受けた専門の廃棄物処理業者に業務委託すること			

図12 有機溶媒中毒予防規制によって義務付けされた表示の例

なります．フラックスを加熱すると，一般的にピネンやホルムアルデヒド，アミンなどが検出されます．

このような樹脂系のフラックスは特有のにおいを示すものが多く，人によっては刺激を感じます．もし，刺激を感じた場合は，空気の奇麗な場所に移動してうがいをしてください．

きちんと換気や排気がされていれば，はんだ付けヒュームが吸入によって慢性的な健康障害を引き起こす可能性はほとんどないでしょう．

― 基礎知識㉔ ―
はんだの害から身を守る方法

● 顔を30 cm離す

はんだ付け部に顔を近づけて作業する人がいますが，これは非常に危険です．はんだやフラックスが飛散したときに，顔や目にかかる可能性があるからです．上体を起こして，はんだ付け個所から少なくとも30 cmは離れて作業しましょう．

● 手袋をする

薄手でもよいので，手袋を必ず着用しましょう．皮膚を保護してくれるだけでなく，はんだの酸化の原因にもなる手の皮脂が，はんだに付着するのも防ぐことができます．

● 作業が終わったら手洗いをする

作業後，はんだの粉末が手に付いている可能性があります．作業が終わったら手洗いとうがいをしましょう．

● 保護メガネを着ける

配線のはんだ付けなどで，線の先がはんだをはじいて，はんだが飛び散ることがあります．目の安全のために保護メガネを着用しましょう．

― 基礎知識㉕ ―
フラックスもハロゲン・フリーに対応

● フラックスの活性成分として添加されてきたが…

環境汚染に対して世界的に関心が高まり，身の回りで使用されている製品に対しても高い安全性が求められるようになりました．

ハロゲン化物は，はんだ接合時にはんだ表面やパッド表面上の酸化物を還元し，酸化膜の除去を行う表面浄化作用をもちます．そのため，フラックスの活性成分として添加されてきました．

● ダイオキシンが発生する

ハロゲンとは，周期表の17族の総称です．ハロゲン元素を含んだ有機物は，燃焼する際にダイオキシンを発生することがあります．身近なところでは，自動車の排気ガスやプラスチック，食品トレーなどからも発生するとされています．

ダイオキシンは人体への毒性も非常に高いことが知られており，環境問題の一つになっています．現在，実装基板にも焼却処分時のダイオキシン対策が求められはじめています．

● ハロゲン・フリーではんだ付け性能は劣る

ハロゲン類の活性剤を規制した製品をハロゲン・フリー製品と呼び，関心を集めています．しかし，ハロゲン・フリー製品はハロゲン含有の製品に比べ，はんだ付け性能が劣る場合も多く，取り入れるにはいろいろと工夫が必要です．

ハロゲン化合物の多くはさまざまな製品に活用され，有害性が特に指摘されていないため，日本を含め国際

的に規制されているものではありません．

エレクトロニクス製品を燃焼処理する際に，ダイオキシンが発生する危険性を少しでも減らそうと，一部の会社で取り組みが行われています．この取り組みは，塩素系や臭素系の難燃材の一部の使用を制限する「低ハロゲンエレクトロニクス」で，はんだ付けに用いるフラックスにも適用されはじめています．

基礎知識㉖
廃棄方法とリサイクル

はんだ付けした基板やはんだの残材は，産業廃棄物です．その処理は，「廃棄物の処理および清掃に関する法律」に従って，適正な自己処理か，産業廃棄物処理業者に委託する必要があります．

はんだはリサイクル性があり，はんだとして再利用できる利点があります．工場などで発生するはんだくずやソルダ・ペースト，フラックス入りはんだくずなどは，はんだ製品納入業者が引き取ってリサイクルしてくれる場合が多いので相談してください．

職場から出るのは産業廃棄物ですが，趣味で家庭から出たはんだくずは一般廃棄物扱いになります．市町村によって細かい分類は異なると思いますが，一般的には「金属くず」でいいようです．

市町村の処理計画や指示で，「はんだはこのように排出してください」のような規定をしている場合もあります．

基礎知識㉗
端子間をショートしてしまう
イオン・マイグレーション

イオン・マイグレーションは，高密度実装化に伴い問題になる現象です．電気製品の電極間に直流電圧が加えられ，電極間が結露したり湿度が非常に高い雰囲気では，細かいピッチの電極間にある程度の電流が流れ，陽極側のはんだや電極の金属が金属イオンとして溶け出します．そして対極(陰極)側に移動し，電子を受け取ってひげ状に析出し，ついにはショートしてしまうことがあります．この現象をイオン・マイグレーションと呼びます(**写真3**)．

イオン・マイグレーションは，基本的には電気めっきと同じ現象です．陽極で金属が電解され，陰極で析出する現象です．

イオン・マイグレーションは多くの金属で起こることが確認されています．特に銅や鉛で起こりやすく，錫では起こりにくいことが確認されています．

鉛フリーはんだは鉛を含有していないことから，このイオン・マイグレーションは比較的起こりにくいという利点があります．

結露するような環境では，この反応は特に起こりやすくなりますが，防湿コーティングをすると防ぐことができます．

屋外で使用される自動車の電子制御基板やオーディ

写真3 イオン・マイグレーション
年月が経つうちに，少しずつ電極と電極がショートする．

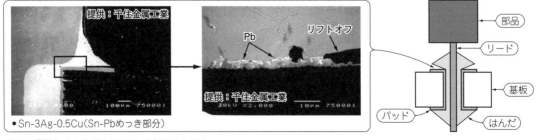

図13 電極とはんだがはがれてしまうリフトオフ

◆参考文献◆
(1) 日本溶接協会マイクロソルダリング教育委員会；標準マイクロソルダリング技術，㈱日刊工業新聞社，2002年8月．

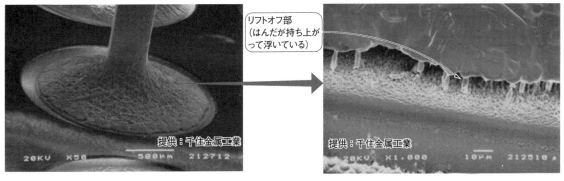

写真4　リフトオフ
電極に付着しているはんだと，糸はんだの組成が異なると生じることがある．

（a）鉛フリー　　　　　　　　　　　　　　　　（b）鉛入り

写真5　鉛フリーはんだで生じることのある「引け巣」

オ機器，洗濯機や給湯器などには，この防湿コーティングが施されていることが多いです．電子機器は水には弱いのです．

── 基礎知識㉘ ──
はんだがパッドからはがれるリフトオフ

● 融点の違いによる溶け分かれが起きる

　従来から一般的に使用されてきたSn-Pbめっきが施された基板や部品を鉛フリーはんだではんだ付けしても，何も問題が起きないのでしょうか．日本製の部品ではSn-Pbめっきが施されたものはほとんどなくなりましたが，海外製の部品にはSn-Pbめっきのものがあるかもしれません．そのときに注意したいのがリフトオフです．

　図13にリフトオフ現象を示します．Sn-Pbめっき中の鉛と鉛フリーはんだとが溶け合うと，低い融点のはんだに変化し，はんだが凝固収縮する際にその部分が溶けたままで上に持ち上げられる，いわゆる溶け別れが起きてしまいます．これがリフトオフです．**写真4**に別アングルで示します．

　これを防ぐには，鉛フリーめっきを使用することです．また，鉛以外のBiを含んだめっきなどでも，同じ理由でリフトオフが発生する可能性があります．

── 基礎知識㉙ ──
鉛フリーはんだでは引け巣が生じることもある

　鉛入りはんだから鉛フリーはんだ（Sn-3Ag-0.5Cu）に変えたとき，表面状態を見て作業者がとまどうことがあるかもしれません．鉛入りのはんだは表面に光沢があり，「つるっ」としていたのに対し，鉛フリーはんだでは表面がやや白っぽく見えるのです（**写真5**）．

　これは，引け巣と呼ばれる現象です．例えば，Sn-3Ag-0.5Cuはんだ（固相217℃，液相220℃）は共晶でないため，液体から固体になる際にやや時間がかかります．後から固まる部分のはんだが凝固収縮した際に表面が少し下がってしまうために発生します．この表面の凸凹で白っぽく見えるようになります．

　この引け巣ははんだ表面のごく一部であり，はんだ接合で発生するクラックなどと違って進行していくものではないので，何ら問題はありません．引け巣は一番最後に固まった所，つまり，こて付けの場合は最後にこてを離したところに発生します．作業者の腕によっては目立たなくできます．

〈東村　陽子〉

（初出「トランジスタ技術」2011年11月号　特集　第4章）

(2) 田中　和吉；はんだ付け技術，総合電子出版社，1974年1月．
(3) 菅沼　克昭；鉛フリーはんだ付け技術，㈱工業調査会，2006年1月．

- 融点が183℃
- 鉛が約40％含まれる
- 濡れ広がり率が高い
- 表面に光沢がある
- 収縮性が低いためフィレットが奇麗
- 熱容量が小さいはんだこてで済む
- 濡れ広がり性が良いので作業が楽
- ボイドが出にくい

(a) 鉛入りはんだ

- 融点が217℃
- 鉛を含んでいない
- 濡れ広がり率が低い
- 表面がくすんで見える
- 収縮性が高いためイモはんだになりやすい
- 熱容量の大きいはんだコテを使うため寿命が短い
- 取り扱いが大変（はんだこての取り扱い）
- ボイドが出やすい

(b) 鉛フリーはんだ

図14　はんだの特徴

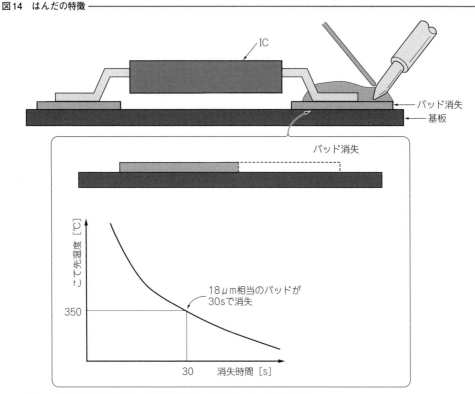

図15　電子部品を後付けする場合や修理時によく起こるパッドの消失

― 基礎知識+α ―

鉛入りと鉛フリーはんだは何が違うの？

● 入門者は鉛入りから始める

　鉛フリーはんだは，鉛入りはんだと比べると，作業の難易度が高くなります（図14）．

　鉛入りのはんだでの作業経験があるのとないのとでは，次のような違いがあります．

- はんだこてを当てる時間の感覚
- こて先から部品への熱量の加え方
- はんだの理想的な形状の把握

　鉛入りはんだは濡れ広がり率が良いため，さほど気に留めずに作業へ集中できます．鉛フリーはんだは，これらの作業管理がうまくいかないと，作業自体が品質そのものに影響を及ぼします．鉛入りでの実習を経たうえで鉛フリーに向かった方が，作業を飲み込みやすく，部品を壊すこともありません．

　また，基板表面のめっき状態（銅はく，金フラッシュ，はんだレベラ処理など）に合わせて熱量をコントロールしていかないと，パッド表面の銅はくが溶出する場合があります（図15）．素人がいきなり高温下で作業したため時間をコントロールできない場合に起きやすくなります．

● 写真で確かめる濡れ広がりの違い

　写真6は印刷時に，チップ部品をわざとずらして装着し，リフロ炉ではんだを溶融したときの様子です．(a)は鉛フリーはんだで，濡れ広がり率が低いため，部品はパッドに引き寄せられません．(b)は鉛入りはんだのため，濡れ広がり率が良く，パッド上の正しい位置に引き寄せられました．

　写真7でICのリードの先端を見ると，(a)の鉛フリ

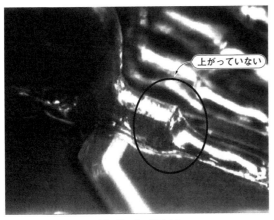

(a) 鉛フリーはんだ

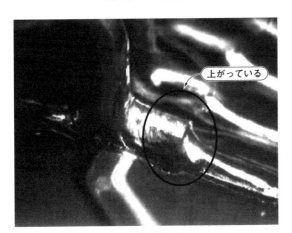

(b) 鉛入りはんだ

写真7 鉛フリーはんだでは，IC端子の上端まではんだが上がりづらい

―はんだは，リード先端上部まではんだが上がらずフィレットを形成できていません．(b)の鉛入りはんだはリード端子の上端まで奇麗にはんだフィレットが形成されています．

　　　　　　　＊　　　　＊

　このように，はんだ付けはその材料の特性を考慮しながら作業をしなければなりません．やはり鉛入りはんだで十分作業を積んで理解し，その後に鉛フリーはんだを修得した方が，後々の不良解析時にも役立つでしょう．

〈柿崎　弘雄〉

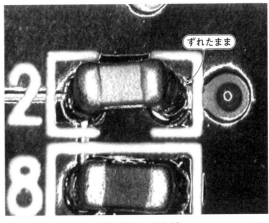

(a) 鉛フリーはんだ

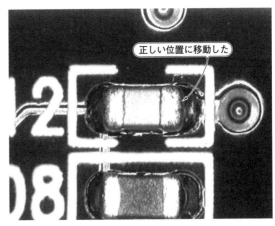

(b) 鉛入りはんだ

(c) このようにずらして置いた

写真6 鉛フリーはんだでは，正しい位置に部品が移動しづらい

Appendix 1 はんだ付けの環境と姿勢を整える

平井 惇

❶ 机の上を整理し火災を防ぐ

机の上を整理し，十分なスペースを取ります(**写真1**)．周囲に燃える物を置かないようにしましよう．こては，必ずこて台に置きましょう．こてを使わないときや席を離れるときは，電源を切りましょう．

❷ 目を保護する

はんだやフラックスの煙，リードのカットくずの飛散が目に入るのを防ぐために，ゴーグルまたはメガネを掛けましょう．

チップ部品，リード・ピッチの小さいQFPなどをはんだ付けする際は，2～5倍の拡大鏡を固定して使用すると，はんだ付けがしやすくなります．

部屋の照明だけでは明るさが不十分なときには，スポット照明を併用するとよいでしょう．

❸ 換気する

はんだ付けをする際には，はんだやフラックスから煙が発生します．煙にはいろいろな成分が含まれており，中には人体に良くない成分もあります．そのため，直接吸い込まないように，卓上式の吸煙器を使用したり，窓を開けたりして，換気に十分配慮します．

吸煙器がなければ，代わりに扇風機を使うだけでも，使わないよりはずいぶんましです．

❹ 静電気から部品を保護する

人体には服などの摩擦で静電気が発生します．静電気は，冬場の乾燥しているときに発生しやすくなります．電子部品の中には静電気でダメージを受けるものがたくさんあります．そのような部品の取り扱いには静電気対策が必要です．具体的には，机の上に導電性のマット(**写真2**)を置き，手にはリスト・ストラップ(**写真3**)をして，静電気が発生しないようにしましょ

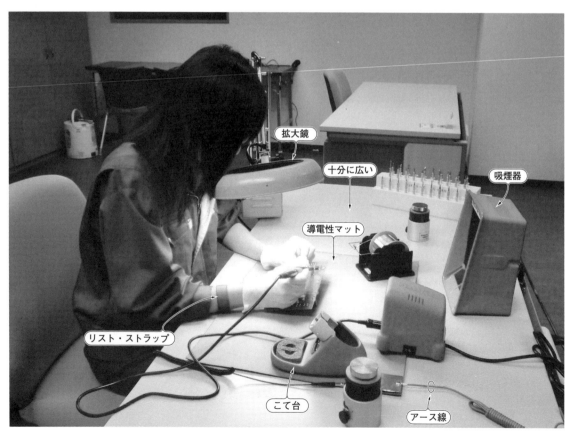

写真1 はんだ付けをする前には，このような環境を整えておきたい

写真2　静電気から部品を保護するための導電マットの例
大地アースなどを接続して使う．

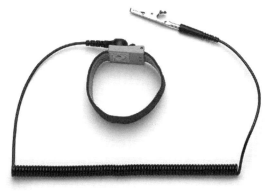

写真3　リスト・ストラップの例
片側は手首に，もう片側は導電マットに接続する．

う．

❺ こてやこて台に触れない

はんだを溶かすために，はんだごてのこて先やヒータの部分は300～500℃の高温になっています．また，こてを置くためのこて台（**写真4**）も熱せられて温度が高くなっています．作業をしている人はもちろん，周りにいる人にも注意を促し，こてやこて台には触れないようにしましょう．また，はんだ付けをした部品は熱くなっているので，直接手で触れないようにしましょう．

❻ 手を洗う

はんだ付けをした後の手には，はんだやフラックスが付着しています．はんだの成分には有害な鉛が含まれています．体内に鉛が入った場合，排出されずに蓄積され，将来に影響が出ることがあります．また，フラックスにはいろいろな化学成分が入っています．

最近，鉛の入ってない「鉛フリーはんだ」が主流になっています．鉛は入っていませんが，フラックスは入っています．作業終了後は，とにかく手を洗いましょう．

ときどき，はんだで指輪を作ったりしている入門者を見かけます．絶対にやってはいけません．

こて先をクリーニングするためのスポンジ．濡らして使う

写真4　「こて台」の例

❼ 背筋を伸ばす

勉強のときの姿勢と同じです．できるだけ背筋を伸ばし，顔を近づけすぎないようにしましょう．そして鉛筆と同じようにこてを持ちます．足を組んだり寝ころんだりしていては，長時間，集中できません．

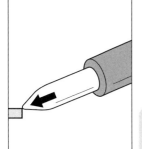

第2章 知っておくと役立つ上達のための豆知識

はんだ/電子部品/基板/フラックスと熱との関係

大西 修

はんだ付けは，教本のセオリ通りでは本当の意味でうまくなりません．さらなるはんだ付け上達のため，知っておくと役立つであろう「実践向けの知識」を紹介します．

はんだの特性を理解しておこう

■ はんだ付けの際になぜ熱が必要か

● 高温になるほど金属間化合物の拡散が速くなる

はんだ付けをすると，錫(Sn)と母材の銅(Cu)が，数μmという薄い金属間化合物(合金)を生成します．

この金属間化合物は，SnとCuが相互に拡散して形成されます．その拡散速度は温度に依存するので，高温になるほど速くなります．そのため，材料や部品の耐熱性に問題がない範囲で，できるだけ高温にした方が，拡散の促進に有利です．

● 溶かして液状にするからしっかりくっつく

なぜ，はんだを溶かして使うのでしょうか．「金属間化合物を作るために高温にした結果，はんだが溶ける温度になった」ことも理由の一つですが，金属同士を拡散させるには，原子レベルで近づける必要があります．だから，溶けて液状になると有利なのです．

加えて，はんだを付ける部分に毛細管現象やすき間現象によってはんだをなじませることで，確実で奇麗な接合になるので，液状にする必要があるのです．

● はんだは溶けても母材は溶けない温度がよい

一般的に，はんだ付けを含むろう付けは，母材(例えば銅)よりも融点の低い材料を使って接合します．その接合は，ろう材が溶けて，母材が溶けない温度で行われます．はんだと一緒に母材が溶けると，母材の形状を保てずに溶け落ちてしまいます．これは，部品のリードやプリント基板の銅パターンが溶け落ちることを意味します．**表1**に主な金属材料の融点を，**表2**に主なはんだ材料の特性を示します．

融点が450℃未満の軟ろうを用いるはんだ付けは，はんだこての温度が高くても350℃程度なので，母材の融点を超えることはありません．

■ はんだこてによる効率の良い熱の伝え方

● 母材全体をはんだの融点まで温めるのは難しい

はんだ付けをするためには，母材もはんだも全てはんだの融点以上にしなければなりません．

図2のようにあらかじめ母材にはんだこてを当てて，はんだの融点以上に温度が上昇してからはんだを供給します．しかし，簡単ではありません．次のようなことが起こりがちです．

(1) 部品の耐熱性と作業性を気にするあまり，母材の熱容量に対してはんだこてのパワーが小さかったり，こて先が細くなりすぎている．
(2) こて先が母材と点接触しているだけなので，熱が伝わりにくい．
(3) こて先が酸化してしまって，熱が伝わらない．

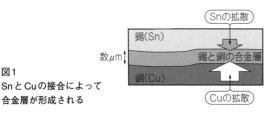

図1 SnとCuの接合によって合金層が形成される

表1 主な金属材料の融点

材料名	融点[℃]
銅(Cu)	1084
鉄(Fe)	1536
鉛(Pb)	328
錫(Sn)	231

表2 主なはんだ材料の特性

材料名	固相温度[℃]	液相温度[℃]
共晶はんだ($Sn_{63}Pb$)	183	183
鉛フリーはんだ($SnAg_3Cu_{0.5}$)	217	220

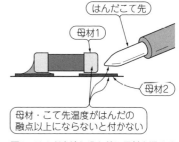

図2 はんだを流し込む前に母材を温める

耐熱性があまり気にならない材料，例えば配線同士を接続する場合などは，単純にはんだこてのパワーを大きくしたり，こて先を太くすることで対応できます．しかし，多くの電子部品は耐熱性を考えて，壊れないようにしなければなりません．

（1）の場合にお勧めするのが，温度調節機能付きのはんだこてです．これを使えば，少々こて先を太くしても，部品の耐熱性について心配がありません．

（2）の場合は，少しセオリから離れて，まず，こて先にはんだを供給してみましょう．溶けたはんだが母材に接触することで，熱伝導面積を大きくすることができ，その結果，母材の温度を上げることができます．図3は，その手順を示したものです．

（3）の場合は，こて先の酸化物がバリアとなって，熱を遮断しています．この場合は，こて先をクリーニングします．また，軽い酸化であれば，（2）の手順と同じ要領でも解決可能です．先に，こて先にはんだを供給することで，酸化したこて先を糸はんだのフラックスが洗浄してくれます．

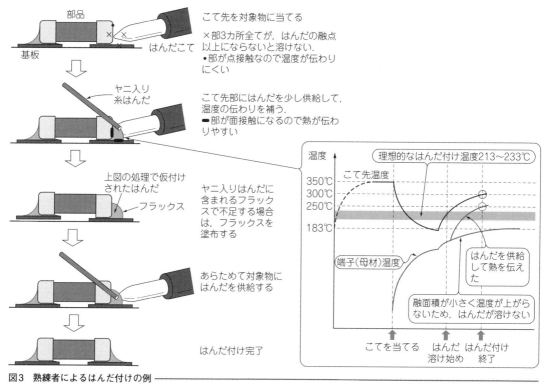

図3 熟練者によるはんだ付けの例
母材全体に熱を伝えるため，こて先にはんだを付け，そのまま母材を温める．

（a）加熱中　　　　　　　　　　　　（b）完成

写真1 熟練者によるはんだ付けの例
こて先の熱をはんだを介して効率良くパッドや電極に伝える．

はんだの特性を理解しておこう　27

短時間でサッと，熟練者のはんだ付け

● 実例

少しセオリーから外れますが，やや太めのはんだこてと，こて先への「先はんだ」を駆使して，短時間ではんだ付けを行う熟練者ならではの作業法を紹介します（**写真1**）．

(1) はんだこてで母材（チップ部品電極と銅パッド）を加熱します［**写真1(a)**］．こて先が太いのですが，短時間で作業を実現していることと，使っているはんだこての温度がコントロールされていることから，問題が起こらない作業になっています．

(2) こて先に，先はんだを行っています．こて先に先はんだをすることで，効率の良い熱伝達を実現しています．また，糸はんだ内のフラックスによって，こて先の酸化物の除去と母材の洗浄を効率良く行っています．

(3) 完成．熟練者ならではの奇麗なはんだ付けが実現できています［**写真1(b)**］．

● 安全なはんだこて温度の設定例
▶鉛入りはんだ

図4(a)は，部品の耐熱性を考慮して，こて先の設定温度を350℃に設定した例です．使用しているのはSnPbの共晶はんだなので，融点は183℃です．

(1) こて先を母材に当てた瞬間に，温度がはんだの融点以下にまで低下します．この状態でははんだが溶けないので，温度が回復するまではんだこてを当てたまま待ちます．

(2) 母材とはんだこての温度が183℃を超えたあたりから，はんだが溶け始めます．

(3) はんだ付け作業温度は，はんだの融点の183℃に30〜50℃を加えた213℃〜233℃程度が目安になります．

(4) はんだ付け終了の目安は，母材やはんだこての温度が，端子部の耐熱温度あるいはフラックスの分解温度に達するまでです．できるだけ，この範囲で終わるようにし，完了したら速やかに母材からはんだこてを離しましょう．

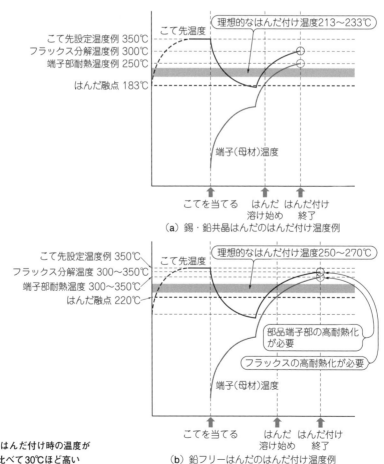

図4
鉛フリーはんだは，はんだ付け時の温度が
錫-鉛共晶はんだと比べて30℃ほど高い

(a) 錫・鉛共晶はんだのはんだ付け温度例

(b) 鉛フリーはんだのはんだ付け温度例

▶鉛フリーはんだ

図4(b)は，鉛フリーはんだを用いたときのはんだ付け温度の例です．鉛フリーはんだの融点は220℃ですが，はんだこて先の設定温度はSnPb共晶はんだと同じ350℃にしましょう．

(1) こて先を母材に当てた瞬間に，温度がはんだの融点以下にまで低下します．この状態では，はんだが溶けないので，温度が回復するまではんだこてを当てたまま待ちます．

(2) 母材とはんだこての温度が220℃を超えたあたりからはんだが溶け始めます．

(3) はんだ付け作業の温度は，はんだの融点の220℃に30〜50℃を加えた250〜270℃程度が目安になります．

(4) はんだ付け終了の目安は，母材やはんだこての温度が，端子部の耐熱温度あるいはフラックスの分解温度に達するまでです．できるだけ，この範囲で作業を終えるようにし，完了したら速やかに母材からはんだこてを離しましょう．

● フラックスも鉛フリーはんだ用のものを使う

鉛フリー用の部品やフラックスは，鉛フリーのはんだ付け条件に合わせて高温対応していることがあるので，必ず，データシートやホームページなどで確認してから使用しましょう．特に，SnPb共晶はんだ用のフラックスでは，上手なはんだ付けができない可能性があるので，必ず鉛フリー専用のものを使用しましょう．

プリント基板やICパッケージの耐熱性を頭に入れておこう

■ 半導体部品の耐熱性

● 最近の電子部品はリフロ(260℃)仕様，はんだこて(350℃)を想定していない

最近は，SMD(表面実装)タイプの部品が主流です(図5)．これらの部品は，主にリフロはんだ付け用に開発されているので，小さな部品を除いて，手はんだを推奨していません．そのため，これらの部品を手はんだではんだ付けすることは，原則，自己責任となることを理解しておきましょう．

それでも，試作のため手はんだをしたり不具合箇所を修正したり，あるいは不具合品を調査したりする必要が出てきます．そのときに手はんだする条件の目安は，一般的にリードのある半導体部品の場合なら，リード部の温度で260℃以下，加熱時間は3秒程度以下です．

鉛フリー対応品や一部の小型パッケージ品では，リード部の温度を350℃程度まで可能としている品もあります．このように，部品の耐熱性についてはメーカやパッケージによって異なる場合があるので，それぞれの推奨温度や保管条件は，各メーカのデータシートやホームページなどで確認しましょう．

このように，部品の耐熱性によってはんだ付けの最高温度が制限されます．

実際のはんだこてによるはんだ付け作業においては，便宜上，はんだこての温度は350℃以下と読み換えて作業するとよいでしょう．

● 耐熱性は実際の評価結果を基に決めてある

電子部品のパッケージに使われているプラスチック(樹脂)の分解温度や，構成材料の線膨張差による熱破壊などを基に，実際の評価結果によってそのデバイスが安全に使える最高耐熱温度が設定されています．

● ICパッケージはある温度を超えると急にもろくなる

一般的に，半導体部品のパッケージは熱硬化型プラスチック製です．その特性は図6に示す通り，ガラス転移温度(T_g)を超えると線膨張が6倍以上に大きくなり，もろくなります．

また，200℃以上になると強度がさらに低下し，250〜350℃ではプラスチックが分解を始めます．そのため，この温度を超えるようなはんだ付けをしたり，加熱している間にリードへ力を加えたりすると，リードの根元のプラスチックにクラックやはがれが生じることがあります．

■ プリント基板だって熱で壊れる

プリント基板とは銅はくを張った基板，いわゆる銅張基板を回路パターン化したものをいいます．そのプリント基板の基材にはさまざまな材質のものがあり，その中で最も一般的なものが，FR-4といわれるガラ

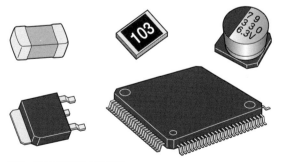

図5 表面実装部品の外観例
リフロしか想定していないため，はんだこての350℃といった高熱では壊れることも．

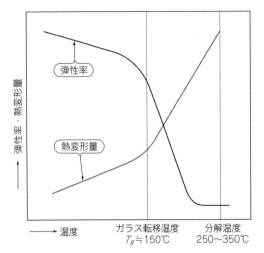

図6 熱硬化型プラスチックの特性例
T_gを超えると急にもろくなる.

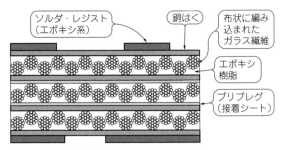

図7 積層プリント基板の断面図
ガラス繊維を編んで布のような形にしたものにエポキシ樹脂を染み込ませたもの.

ス・エポキシ材です. 本書で単にプリント基板と呼んでいるものは, 全てこのFR-4ガラス・エポキシ・プリント基板です. そのほかに, 安価な用途に使用される紙フェノールや紙エポキシなどもありますが, 信頼性が劣ることや積層にするのが難しいなどの理由で, ここでの紹介は省略します.

ガラス繊維を編んで布のようにしたものに, エポキシ樹脂を染み込ませたものが基材です(図7). その基材の片面または両面に, 銅はくを高温と高圧で圧着したものが銅張基板です. この銅張基板の銅はくを回路パターン化してから複数枚重ね, その間にプリプレグと呼ばれる接着シートを挟み, 高温と高圧で圧着したものが, いわゆる積層基板です.

プリント基板の耐熱性は, エポキシ樹脂の特性によるといっても過言ではありません. これは主に2種類

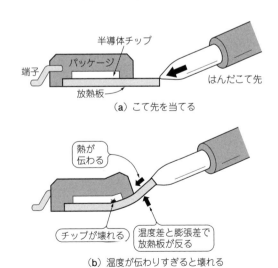

図8 はんだこてによる放熱板付き半導体部品の破壊イメージ

あり, 長期間の実使用耐熱は130℃以下で, はんだ付けに対する耐熱は260℃, 60秒以下です.

■ 扱いづらい放熱板付きの半導体部品

● 放熱板が熱を吸収するので, つい温めすぎる

放熱板付きの半導体部品は, 放熱板に直接はんだこてを当てると, 温度差による急激な熱衝撃で内部の半導体チップが破壊することがあります. 放熱板付きの半導体部品は, 放熱板があることによって熱容量が大きくなっています. そのため, はんだこてを放熱板に当てると, 放熱板に熱が吸収され, こて先の温度が大きく下がるので, はんだ付けが難しいのです.

これを補おうとして, はんだこての温度を高くしたり, はんだこてのパワーを大きくしたりしますが, 実はこれが非常に危険なのです.

放熱板付き半導体部品の放熱部に, はんだこてを直接当てると, 放熱板に温度が伝わる過程で, 放熱板と半導体チップ・パッケージの間に膨張差が生じます. その膨張差で, 図8のように反りが生まれて, 内部の半導体チップにダメージを与えます. 最悪の場合, 半導体チップが破壊されます.

● 壊さないためには予備加熱が有効

この破壊を避けるには, 予備加熱が最も有効な手段です. 予備加熱は, より安全なはんだ付けを行うために, 温度差による熱衝撃を低減する目的で行います. 予備加熱の温度は80～150℃で, 部品耐熱に問題のない範囲で設定します. 普通は100℃程度がよいでしょう.

ただし予備加熱は, ホット・プレートやプリヒータなどを用いて, 基板や部品全体を過熱しながら作業することになるので, やけどには十分注意しましょう.

予備加熱のそのほかの効果として, はんだこての熱容量を補うことができるので, こて先をより細くしたり, こて先の温度を低く設定したりすることもできます.

図9のように, 作業のしやすさや作業時間の短縮に

も効果があり，フラックスの分解温度や部品の耐熱性に対しても余裕を持った作業ができるようになります．(a)の通常のはんだ付けの条件では，母材の温度差(衝撃)は225℃にもなります．

(b)のように100℃の予備加熱をすると，温度差は225℃から2/3の150℃程度まで低減できます．こて先の温度も低く設定でき，はんだの溶け始めも早くなります．さらに，はんだこての熱容量も補えるので，こて先の設定温度を低くできます．

■ 半導体部品の破壊

● パッケージ吸湿と水蒸気爆発

半導体部品などのプラスチック・パッケージは，包装を開けて長く保管すると，空気中の水分を吸収(吸湿)します(図10)．この吸収された水分が規定量を超えて多くなったところに，パッケージが温められるようなはんだ付け温度にさらされると，水分がパッケージ内部で気化・膨張します．このとき，パッケージのプラスチックも高温でもろくなっているため，パッケージがクラックし破壊に至ります．この現象を，火山活動でおなじみの水蒸気爆発ということもあります．

この水蒸気爆発は，主にパッケージごと温められるリフロはんだ付けなどで発生する現象で，パッケージの水分量がおよそ0.15 W%～0.2 W%を超えたあたりから発生するといわれています．

この水分量は，30℃，70%以下の常温・常湿におよそ72時間以上を放置したパッケージの内部に吸収される量に相当し，吸収された水分は125℃ほどの高温に10時間以上おかないと放出されません．

図11は，ICパッケージなどの半導体部品が水蒸気爆発によって破壊するイメージ図です．この破壊は，外部から見えるようなパッケージのクラックになることはまれで，多くの場合は外から見えないICパッケージ内部の破壊や品質低下になります．

これらの安全条件は，各部品メーカやパッケージごとに異なり，それぞれの推奨温度や保管条件が各メーカから公開されているので，必ずデータシートやホームページなどで確認しましょう．

そのような包装状態でも，特に注意が必要な部品はある程度区別ができます．ほとんどの場合，アルミ製

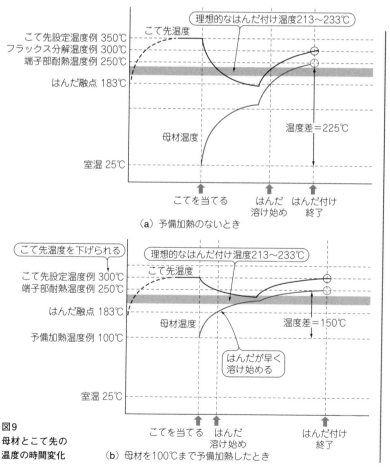

図9 母材とこて先の温度の時間変化
(a) 予備加熱のないとき
(b) 母材を100℃まで予備加熱したとき

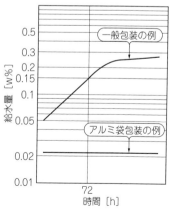

図10 パッケージの吸湿特性の例

図12 アルミ包装による防湿効果例
(30℃，70%放置)

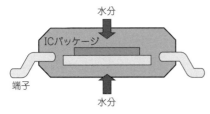

(a) 自然保管だけでもICパッケージの内部に水分が入り込む

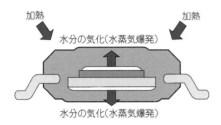

(b) 水分を多く含んだ状態でパッケージが加熱されると，水分が気化し膨張する

(c) 高温でパッケージ強度が低下したところにパッケージの内部応力が増大するとパッケージ破壊が起きる

図11 水蒸気爆発によるパッケージの破壊イメージ

の袋を使って包装（**図12**）していたり，注意書きが貼付されているので参考にしてください．

フラックスの特性を知っておこう

■ なぜはんだ付けには
フラックスが必要なのか

● 材料の表面を浄化してくれる

はんだ付けは，CuとSnが相互に拡散して，金属間化合物（合金）Cu_5Sn_6を作ります．そのためには，CuとSnが高温中で原子レベルで近付かなければなりません．そこに酸化物や汚れがあると，相互の拡散を起こすことができません（**図13**）．つまり，はんだ付けができないということです．

フラックスは，はんだ付け温度になると活性力が最大になるように作られており，材料の表面を浄化するとともに，はんだ付け時の再酸化も防いでくれます．このように，はんだ付けにフラックスは欠かせません．

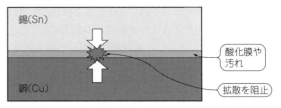

図13 酸化物や汚れが銅や錫の拡散を阻止する

表3 フラックスの3タイプと特徴

フラックス・タイプ	主な特徴	一般的な洗浄の必要性
R	非活性ロジン系 活性材を含まない	無洗浄タイプ
RMA	弱活性ロジン系 塩素(Cl)分 0.14 w%未満	低残渣で無洗浄タイプのものがある
RA	活性ロジン系 塩素(Cl)分 1.0 w%未満	洗浄しなければならない

● 材料の表面には必ず酸化膜が存在する

金めっきでもしない限り，一般の材料なら，自然に放置するだけですぐに数百Å（1Åは1μmの1/10000）程度の酸化膜が付いてしまいます．これでも拡散を阻止するには十分な厚さです．水素などを使った還元雰囲気に置かれない限り，材料の表面には酸化膜が必ず存在していると考えましょう．

一般的なフラックスの区分の仕方には3種類あります．古くから用いている方法として，R，RMA，RAのタイプがあります．使用するフラックスは，はんだ付け後の腐食性や絶縁性に有利なRタイプをお勧めしたいところですが，活性度が低いのではんだ付け作業が難しくなります．RMAタイプの中に低残渣で無洗浄の品があるので，そちらをお勧めします．一般に販売されているヤニ入り糸はんだは，RMAタイプかつ無洗浄対応品がほとんどです（**表3**）．

フラックスは低い温度では活性力がなく，はんだ付けされる温度で最も活性度が高くなるように設計されています．さらに高温になると，分解されて活性力を失ってしまうことも覚えておきましょう．そのため，鉛はんだや鉛フリーはんだ，あるいは手はんだやリフロなどのはんだ付け方法や，それぞれの融点や作業温度に合わせた，専用のフラックスを使用しないとうまくはんだ付けができません．

手はんだの作業中に，温度が高すぎたり時間が長すぎたりすると，フラックスが分解して活性が失われ，うまくはんだ付けができなくなってしまうのは，こういった理由です．

写真2は，フラックスの効果が十分に発揮できた例です．フラックスが奇麗に流れて，はんだ付けした部分全体を覆っていることが分かります．フラックスが分解して炭化（黒化）しているようすも見られません．

写真2 フラックスの効果によりはんだが奇麗に流れた例

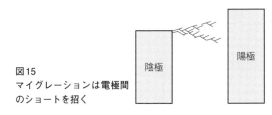

図15 マイグレーションは電極間のショートを招く

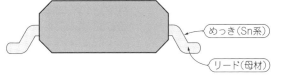

図14 はんだ付け性を良くするために半導体部品のリードにはめっきが施されている

表4 フラックスの洗浄剤いろいろ

商品名	メーカ名	備考
フラックスクリーナースプレー DFL-300	サンハヤト	スプレー・タイプ
017フラックスリムーバー	白光	
オーバーホールクリーナー Z-294	ホーザン	
フラックス除去剤 HP-10P	サンハヤト	小瓶入り
フラックス洗浄剤 BS-R20B	太陽電機産業	

このような作業ができるように練習しましょう．

● 部品や基板側でのはんだ付け性の改善と工夫

特に高熱に弱い部品のはんだ付けは，数秒以下の時間ではんだが母材になじんでほしいものです．それを比較的活性力の低い無洗浄タイプのフラックスを用いて，無垢のCuなどの母材に対して求めるにはかなり無理があります．そこで，一般的には部品の電極側に，はんだ付け性をよくする工夫がなされています．これは短時間のはんだ付けを実現することで，自身の熱破壊を防ぐことにもつながっています．

プリント基板では，プリフォームというはんだ材を薄くコーティングしたものがあります．電子部品などは，Snを主体としたはんだ材と同等の材料やAgなどが，電極にあらかじめ「めっき」などでコーティングされます（図14）．やや高価なものでは，Auをめっきしたものもあります．このめっき処理されたものは，そのめっきと母材との間で，既に合金層を形成しているものもあり，はんだ付け時には，めっきとはんだを接合する程度の時間で済むのです．その結果，数秒以下といった短時間の作業を可能にしています．

● フラックスの洗浄は電子工作レベルでは必要ない

皆さんが使うフラックスは無洗浄タイプになると思いますので，特殊な用途を除けばフラックスを洗浄する必要はありません．洗浄が必要なフラックスを使用した場合は当然ですが，温度や湿度の環境が厳しかったり，使用する電圧が高かったり，あるいは長寿命や高信頼度が必要だったりした場合は，ぜひ，フラックスの洗浄を検討してください．フラックスの焼き付き（茶色や黒くなったもの）がある場合にも，できれば洗浄をしておきたいものです．

▶ マイグレーション

フラックスの残渣があると，その中に水分を取り込みやすくなるので，イオン・マイグレーション（以下マイグレーション）が発生しやすくなります．その結果，電極間が絶縁不良になったりショートしたりします．

図15はマイグレーションの一種で，デンドライトといわれるものです．対向する電極に向かって金属が析出・成長し，最後にはショートしてしまいます．

はんだ付けに使用される金属の中で，Agが最もマイグレーションを起こしやすく，次いでPb，Cu，Snの順です．

● 洗浄剤あれこれ

フラックス洗浄の主な目的は，汚れやフラックスの成分（焼き付いたフラックス，塩素などの活性成分を含む）を除去して，マイグレーションを起こす原因を取り除くことです．

ほとんどの方が，大がかりな洗浄装置や環境対応の除去装置を準備できないと思います．そこで，一般に販売されていて入手しやすい洗浄剤があるので，その一部を紹介します．

洗浄剤を使って洗浄しても奇麗に落ちず残渣があるような場合は，はけやブラシなどを使って落とすとよいでしょう．表4に，いろいろな洗浄剤を示します．

これらの洗浄剤はアルコールを主成分とし，炭化水素などが添加されたものなので，使用する場合は火災や換気に注意しましょう．

第2部　実践編　動画を見ながらやってみよう

第3章　1回でバシッと決めよう
部品の取り付けテクニック

山下　俊一／柿崎　弘雄／浜田　智／佐々木　康弘

米粒のような電子部品や平べったい IC のはんだ付け方法を写真と動画で紹介します．特に大切なのは電子部品を温めすぎて壊さないことです．はんだごて，基板上のパッド，部品電極の温度を常に意識しながら，こてを動かしましょう．焦ることはありません．数十回，数時間の練習で上達します．

3-1　一番よく使う抵抗やコンデンサなどの2端子部品
これができなきゃ始まらない！基本テクニックをマスタする

■ バッチリ付けるには…

要点1 データシートを見て，部品に加えてもよい熱の程度を把握しておきましょう．

要点2 フラックスを塗ることで，はんだの濡れがよくなります．

要点3 こて先の形状（図1）や熱容量，温度は部品に合わせて選びましょう．

要点4 1枚の基板の中に複数の部品があるときは，背の低い部品を先に付けましょう

● 手はんだに向くパッドの形状

写真1に，2125サイズ（2×1.25 mm）のチップ抵抗の外観を示します．図2に，取り付けるパッドのパターン例を示します．

図1　チップ部品のはんだ付けにはこんな形のこて先がお勧め

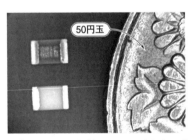

写真1　2125サイズ（2×1.25 mm）のチップ抵抗は米粒よりも小さい

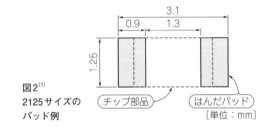

図2[(1)]　2125サイズのパッド例

抵抗は耐熱性が高く通常作業で壊れることはない　　　　　Column

抵抗の構造について説明します．チップ品はセラミックに内部電極を形成し，厚膜のメタルグレーズを焼成します（図A）．メタルグレーズとは，金属や金属酸化物をガラスと混合し，セラミックなどへ高温で焼結させたものを指します．電極は，ニッケルの下地めっきを施したあと，はんだめっきされています．

リード品はカーボン皮膜抵抗器が主流で，セラミックの絶縁基板上に樹脂材料と混合されたカーボンを塗布し，加熱硬化したのちトリミングし，抵抗値を決定します（図B）．

これらの抵抗はいずれも耐熱性が高いため，通常の作業では，部品が熱によってダメージを受けることはないでしょう．　　　　　　　　　　　　〈柿崎　弘雄〉

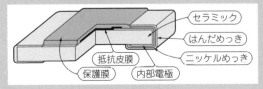

図A　チップ抵抗の構造

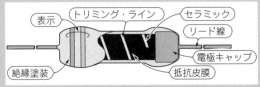

図B　リード抵抗の構造

(a) 銅パッドにこてを当てる　　(b) 予備のはんだが盛られた

写真2　部品を置く前に銅パッドにあらかじめはんだを盛っておく（これを予備はんだと呼ぶ）

① 位置合わせ　　② こてを当てる　　③ 仮どめ完

写真3　部品の仮どめ

① 糸はんだを用意　　② はんだを流し込む　　③ もう片側を仮どめ

写真4　反対側の仮どめ

写真5　はんだが濡れやすくなる液体（フラックス）を塗布

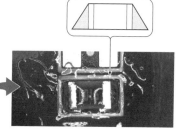

① 左側　　② 右側　　③ 完成

写真6　富士山（フィレット）を意識しながらはんだ付け

メーカが推奨するパッド寸法には，リフロ用とフロー用の2種類が存在します．手作業をしやすいのは，フロー用パッドです．それは，フィレットを形成するための領域が広くなっているからです．

電圧を抵抗分割で調整することもあります．後で交換される可能性のあるチップ部品は，サイズの大きな部品を選ぶか，またはフロー用パッドで設計しておくと交換が容易になります．

■ やってみよう

手順1 予備はんだ

銅パッドに，糸はんだとはんだこてを使って予備のはんだを付けます（**写真2**）．パッドをこてで1～2秒温めてから，パッドにフラックス入り糸はんだを当てます．するとはんだが溶けて，片側のパッドにはんだが乗ります．右利きの人は，右手にはんだこてを持ちましょう．

手順2 仮どめ

ピンセットでチップ部品を挟み，パッド上のはんだを溶かして部品を仮どめします（**写真3**）．部品の熱特性を考慮し，位置合わせは迅速に行ってください．ただし，納得いくまで何度か繰り返して行いましょう．後で再はんだするので，はんだの形状や濡れは問いません．

手順3 もう片側の電極も仮どめ

基板を180°回転させ，残りの電極のはんだ付けを行います（**写真4**）．ここでも，はんだの形は問いません．ボテッと（いもはんだ）ならないように，はんだ付けされていればよいです．

手順4 フラックスを塗布

電極のはんだ付け部にフラックスを塗布します（**写真5**）．仮どめの際に，はんだを温めすぎてはんだの表面張力が大きくなったとしても，フラックスを塗ることではんだの表面張力が抑えられるため，はんだがパッドになじみます．

手順5 仕上げ

両側の電極にはんだこてを当てて，はんだの形を整えます（**写真6**）．

〈山下 俊一〉

◆引用文献◆
(1) 推奨パッド寸法，コーア㈱．
   http://www.koaproducts.com/pdf/pad.pdf

LEDは熱に弱い　　　　Column

LEDには，チップ・タイプ（図C）と，砲弾レンズ・タイプ（図D）があります．最近は，チップ・タイプでもかなり高い輝度を稼げるLEDが出てきました．節電への関心が高まる中，LEDを目にする機会が増えました．実はこの部品，非常に熱に弱いです．砲弾レンズ・タイプの場合，エポキシ系の樹脂でレンズが作られているため，加熱によって曇りや変形が見られ，本来の機能が損なわれる可能性があります．できるだけ素早く短時間の作業で部品に熱ストレスを与えないようにしましょう．

チップ・タイプの場合も同じで，エポキシ封入樹脂と電極が近接しているため，電極に直接熱が加わって樹脂を白濁させたり，チップのボンディング配線が熱ストレスによってはく離する場合があります．

〈柿崎 弘雄〉

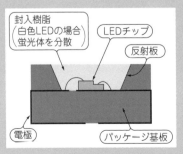

図C　チップLEDの構造

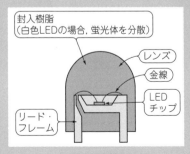

図D　リード付きLEDの構造

コンデンサやインダクタ，ダイオードの熱特性　　　　Column

● チップ・コンデンサを温め過ぎると電極のはく離も

チップ・コンデンサの種類によっては，非常に耐熱性の低い品があります．従って，十分にその仕様を確認してから使うべきです．

一般的な構造は，図Eのようなセラミックに内部電極と高誘電体を積層していき，外部電極を形成しています．

外部電極の処理（銀パラジウム焼成のあと，ニッケルや錫などをめっき）によっては，高温作業時にチップの内部電極とめっき部分が収縮し，破壊に至る場合もあるので，はんだ付けは極力短時間で行いましょう．特に，スチロール系コンデンサは熱に弱いです．

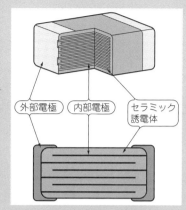

図E　チップ・コンデンサの構造

● インダクタはコイル巻き線と電極の接合部が熱に弱い

インダクタは，積層型（図F）と巻き線型（図G）に大別できます．

積層型は，内部電極を3次元的にらせん状に形成し，上下を導通させていきます．

そして，熱を加え過ぎると外部電極と内部のコイルとの接続個所に，導体はく離といった不具合が出る場合があります．

巻き線型は，コイルに巻き線を施してモールドします．

また，はんだこて温度が高く，急激に熱ストレスを与えた場合，リード線と電極の間で熱膨張率に差が生じ，まれに導体はく離が起こります．

インダクタを取り付けるパッド周辺の配線パターンは太いことが多く，熱を配線パターンに吸い取られてしまうことがあります．むきになってつい，はんだこてで加熱し過ぎるきらいのある部品なので，作業時間に注意しましょう．

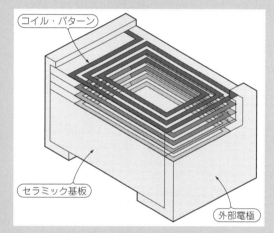

図F　積層型インダクタの構造

● ダイオードの耐熱性は高いがパッドにはんだが乗りにくい

ダイオードは，部品そのものに耐熱性があって扱いやすい品です．しかし，吸湿したあとに急激にはんだこての熱が加わると，各種材料の熱膨張係数の差などにより，気密性の低下やボンディング部のオープンなどを起こす場合があります．

リフロはんだ付けの工程において，リード電極の不濡れ（未はんだ）が一番多い部品で，生産工程でも見落とされがちです．従って，不良修理される機会が多いので，はんだ付け時に電極にはんだが奇麗に盛られていることが大切です．

〈柿崎　弘雄〉

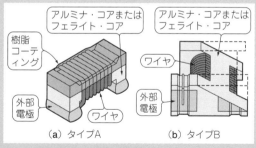

図G　巻き線型インダクタの構造

3-2 肉眼で見えない極小2端子部品
顕微鏡を使って慎重に

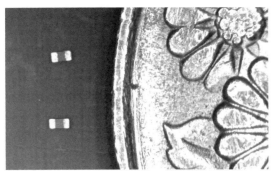

(a) 顕微鏡で見た様子

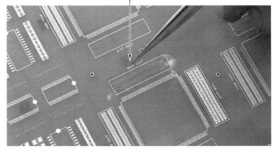

(b) 肉眼で見るとこんな感じ

写真7 0603チップはさすがに肉眼では見づらい

写真8 はんだ付けの際には顕微鏡を使う
倍率は2〜10倍．メイジテクノのEMシリーズ．

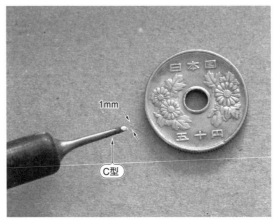

写真9 こて先は部品サイズに合わせて細いものを準備

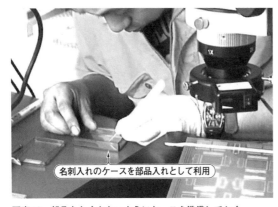

写真10 部品をなくさないようにケースを準備しておく

現在流通しているチップ部品のサイズは，0603（0.6 × 0.3 mm）が最小クラスです（**写真7**）．ここでは，この極小チップ部品のはんだ付けの方法を紹介します．

■ バッチリ付けるには…

要点1 はんだ付けの際には，拡大鏡または顕微鏡（**写真8**）の使用をお勧めします．

要点2 こて先は小さいものを使用しましょう．作業が楽です（**写真9**）．

要点3 0603サイズのチップは紛失しやすいので，名刺入れなどを流用したケースを準備しましょう（**写真10**）．100円ショップのプラスチック・ケースでも結構です．

要点4 ピンセットの形状によっては部品を挟めません．先端の曲がっていないものを準備します．

● 手はんだに向くパッドの形状

図3にパッドの形状例を示します．
メーカでは電極端とパッド端の距離は0.05 mmを推

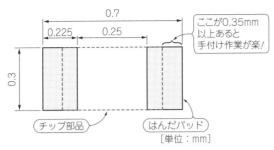

図3[(1)] 特に携帯機器に使われる極小0603チップの取り付けパッド

写真11 チップLEDの外観
ロームの高輝度LED.

奨していますが，これはリフロはんだを前提としているためです．電極端とパッド端の距離を0.3 mmほど伸ばすと，手付け作業がしやすくなります．

■ やってみよう！

手順は3-1節と同じです．こてを当てる時間は，3-1節より短めです．基板は，常に作業しやすい向きに変えます．部品の仮どめが終わったら，必ず部品端にフラックスを塗りましょう．

〈山下 俊一〉

◆引用文献◆
(1) 推奨パッド寸法，コーア㈱.
http://www.koaproducts.com/pdf/pad.pdf

3-3 熱に弱いチップLED
温めすぎると壊れる！

■ バッチリ付けるには…

要点1 LEDは，熱に非常に弱い部品です．LEDチップの表面にはんだごてを当ててはいけません．
要点2 LEDのデータシートで，はんだ付けの適正温度を確認しましょう．
要点3 手付けの場合は，部品の裏側にはんだを回り込ませることはあきらめましょう

● 手はんだに向くパッドの形状

写真11に外観を示します．今回使用したLEDには，メーカ推奨のパッド寸法がありませんでした．

そこでほかのメーカの推奨パッドの寸法から，電極端とパッド端の距離は0.3 〜 0.8 mmが適当と考えました．

近年の機械実装精度の向上により，パッドの寸法はより小さくなる傾向にあります．そのため手付け作業を行うには，パッドの寸法が小さ過ぎるといった悩みも出てきています．

■ やってみよう！

手順1 予備はんだ

パッドの小さい側へ予備はんだします．

(a) こてを当てて　　(b) 横方向へ

写真12 LEDを温め過ぎないようにこては素早く動かしたい

手順2 仮どめ

以降は，2端子の部品と同じ手順です．この部品は4端子に見えますが，パッドは2極です．

パッドへはんだを乗せる際には，こてを写真12のように左から右へさっと動かします．

〈山下 俊一〉

3-4 予備はんだが多いと浮いてしまう電解コンデンサ
仮どめのはんだ量を少なくする

アルミ電解コンデンサの電極は細いので，はんだを付けにくいです．また，仮どめのはんだが多いと，確実に部品が浮きます（**写真13**）．

● 手はんだに向くパッドの形状

写真14に部品の外観を，**図4**にパッドのパターン例を示します．メーカではリード外側に0.5 mm程度のフィレット領域を推奨していますが，実際には1 mm程度にしておくと手付け作業がしやすくなります．

■ やってみよう！

手順1 予備はんだ

写真15のように，一部だけにはんだを乗せます．全体に乗せてはいけません．

手順2 仮どめ

写真16のように仮どめします．その際に，**写真17**のように浮きがないことを確認しましょう．

以降は3-1節と同じです．はんだこてで台座ベースを溶かさないようにしましょう． 〈山下 俊一〉

◆引用文献◆
(1) アルミチップシリーズ縦型品はんだ付け推奨条件，日本ケミコン㈱．
http://www.chemi‐con.co.jp/catalog/pdf/al‐j/al‐sepa‐j/001‐guide/al‐solderalchip‐j‐110701.pdf

◀**写真13** 端子の下まではんだを盛ってしまうと確実にコンデンサが浮く

▶**写真14** アルミ固体電解コンデンサの形状
日本ケミコンの導電性高分子アルミ電解コンデンサ「PXAシリーズ」．等価直列抵抗が最大25 mΩと低いことが特徴．

ここにはんだが付くため手付けでは浮きやすい

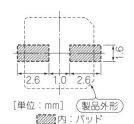

図4(1) メーカ推奨のパッド寸法

部分的にはんだ付け

写真15 予備はんだの量は最小限にする

すき間ができないように上から押しつける

写真16 仮どめ

すき間がない

写真17 いったんこてを置き，部品の浮きがないことを目視で確認する

Column 電解コンデンサは加熱しすぎると液漏れする可能性がある

電解コンデンサは，アルミはくに酸化被膜を形成した電極へ，電解液が含浸された紙をすき間なく挟み込んで巻いた構造になっています．

チップ・タイプは，基本的にリード・タイプに台座ベースを付け，リードを平押し（リードを平たんにつぶして）加工して電極を形成しています（**写真A**）．

リードの取り出し部分がゴムのパッキン構造となっています．そのため，不要な熱を加え過ぎると液漏れの原因となるパッキン不良を起こしやすくなります．

用途によってさまざまな電解コンデンサがあるため，選択時にメーカの注意書きをよく読みましょう．特に電源関係に使われる電解コンデンサは，液漏れを起こすと重大な事故につながる恐れがあります． 〈柿崎 弘雄〉

写真A ▶
表面実装タイプの電解コンデンサをひっくり返した様子

分解　台座ベース

3-5 トランジスタなどの3端子部品
一番よく使うディスクリート半導体

● 手はんだに適したパッドの形状

図5にパッドの形状例を示します．メーカではリードの外側に0.3 mm程度のフィレット領域を推奨していますが，実際には0.5～0.8 mm程度にしておくと手付け作業がしやすくなります．パッド幅は，ブリッジを防ぐためにも推奨どおりにしましょう．

■ やってみよう！

手順1 予備はんだ

パッドに予備はんだを盛ります．三つの端子のうち，一つの端子側です（写真18①）．

手順2 仮どめ

ピンセットで部品を挟み，予備はんだを溶かして部品を取り付けます（写真18②）．このとき，はんだこてを左手に持ち替えると作業しやすい場合があります．部品ズレがないかを確認しながら，ベストの位置を探します．仮どめのはんだは，酸化してしまってもかまいません．

手順3 残りを仮どめ

残りの二つの電極もはんだ付けします（写真18⑤）．はんだ付けの順番は問いません．仮どめなので，はんだをしっかり乗せる必要はありません．

手順4 フラックス塗布

はんだ付けした端子に，フラックスを塗布します（写真18⑥）．

手順5 仕上げ

再度，はんだこてを当てて仕上げをします（写真18⑦）．はんだの量を見ながら，糸はんだを足したり，はんだ吸い取り線で吸い取ったりします．〈山下 俊一〉

◆参考・引用*文献◆

(1)* 推奨はんだ付け条件，ローム㈱.
 http://www.rohm.co.jp/products/databook/tr/pdf/surface-handa_tr-j.pdf
(2) パッケージ仕様，ローム㈱.
 http://www.rohm.co.jp/products/databook/tr/pdf/transistorpkg_1-j.pdf

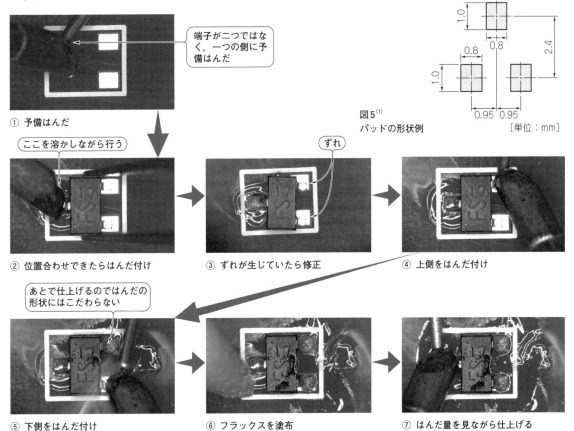

図5(1) パッドの形状例 ［単位：mm］

① 予備はんだ
② 位置合わせできたらはんだ付け
③ ずれが生じていたら修正
④ 上側をはんだ付け
⑤ 下側をはんだ付け
⑥ フラックスを塗布
⑦ はんだ量を見ながら仕上げる

写真18 トランジスタなどの3端子部品のはんだ付け手順

3-6 熱が逃げやすい放熱パッド付き3端子部品
こての温度を高めに設定

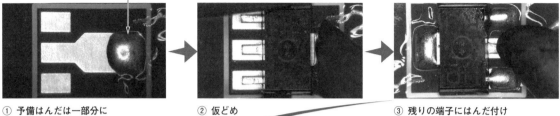

① 予備はんだは一部分に　② 仮どめ　③ 残りの端子にはんだ付け

④ 放熱パッドの下にもはんだが入り込んだ理想的な状態　⑤ 仕上げのはんだ付け

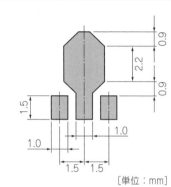

写真19　放熱パッド付き3端子部品をはんだ付けする手順
ロームのミニ・パワー・トランジスタ「MPT3シリーズ」．フラットパネル・ディスプレイや電源，車載装置などに利用されている

図6[(1)]　手はんだが可能なパッドの例

■ バッチリ付けるには…

要点1 放熱パッド付きの半導体部品は熱容量が大きいので，はんだ付けをしやすくするため，どうしてもこて先の温度を高くしがちです．

ICの放熱パッドに直接，はんだこてを当てるのは止めましょう．部品内部に熱の衝撃として伝わり，内部のチップ破壊につながります．

安全なはんだ付けのため，まず，はんだこて先の温度を350℃以下に設定しましょう．

あわせて部品や基板の予備加熱をお勧めします．できれば，100℃～150℃程度の予備加熱がよいでしょう．こうすることで，はんだ付け温度までの温度差を小さくでき，また，はんだこての熱容量も補うことができます．

要点2 放熱パッドについては，仕上げ時にフラックスとはんだを多めに供給します．

● 手はんだに適したパッド形状

図1に，パッドの形状例を示します．メーカ推奨では放熱パッド部分のコーナをカットしていますが，四角にしておくとこてを当てる面積が増えて熱が伝わりやすくなります．

■ やってみよう！

放熱パッドの一部に，予備はんだをします（**写真19**①）．あまり多くのはんだを付けないようにします．ここに多くのはんだを盛ると，**写真20**のような仕上がりになったりします．

ピンセットで部品を押さえて，はんだを溶かして仮どめします（**写真19**②）．

残りの端子も仮どめします．あくまでも仮どめです．予備はんだをするくらいの気持ちで，はんだが十分に流れなくてもそのままにします（**写真19**③）．

フラックスをはんだ付けする各端子に塗布します．

各端子に熱を加え直します．**写真19**④のように放

写真20 放熱パッドにはんだを盛りすぎると浮いてしまう

> ## Column
>
> ## なぜ鉛フリーはんだが必要なのか
>
> ● 野積みされた製品の鉛が地下水に浸透していく
>
> 2000年ごろ，国内の電機メーカはこぞって鉛フリー化の取り組みを始めました．RoHS（電気・電子機器における特定有害物資の使用制限）が2006年7月から，EU加盟国内で実施されるためです．
>
> なぜ，鉛フリーにする必要があったかと言うと，当時，鉛入りはんだを使った製品の終末処理を以下のようにとらえていたからです．
>
> 電気製品としての役割を終えた機器は今ほどリサイクル性がないため，回収されると大概が処理業者の敷地内に野積みにされます．雨に流された鉛などの有害物質が地中に浸透し，井戸水などに浸透していくことになり，これを口に含んだ場合，健康被害が予想されました．しかし，先進国においては野積みが放置されるケースはまれで，まして井戸水を飲料水にしているのはごく一部のため，あまり影響を受けることはありませんでした．それでも国内の電機メーカが鉛フリー化に取り組んだ理由は，製品に対する安全，安心を前面に押し出すことが，販促効果を生むと考えたからです．
>
> こうして，産業界からの必然的な要求とはかけ離れたところから要求が高まりました．これは，材料開発や製品評価試験に膨大な費用を費やす一因となりました．長い目で見れば地球環境には優しいかもしれませんが，製品販売価格は据え置きで製品コストを引き上げる要因となるため，どの企業もコスト低減に躍起となりました．
>
> ● 日本は鉛フリー対応でトップ
>
> 上述のとおり，2000年ごろに鉛フリー化による各国のロードマップが描かれて，実際に一番まじめにクリアしたのが日本です．企業は99％以上達成するという目標のもと，製品化率で85％くらいまで達したのは日本だけです．
>
> ロードマップ中，欧州連合（EU）は2006年7月までとする指針を発表したものの，技術的には課題も多く，自国に入るものについては非常に厳しいのに，自国で生産するものについては寛大でした．そして適用除外を設けたり技術的な課題が解決されないまま，今日に至ります．日本はまじめに取り組んだ結果，技術的には一番進んでいるとされています．
>
> アメリカはさらに遅れており，中国に至っては役所レベルでの指示通達は出すものの，現実的には何でもアリの状態のようです．ただし，日系企業や欧米系の企業進出で，輸出品はほとんど（見かけ上は）鉛フリーに対応しています．中国国内で流通する製品には，いまだに鉛入りはんだを使っているケースもあります．
>
> ● 本当のところ鉛フリー対応は必要なのか
>
> さて，内外の概況は上記のとおりですが，実際問題として，全て鉛フリーにしなければならないのでしょうか．今日のように製品の回収率も上がり，野積みにされるような環境下になければ，鉛フリーでなくともよいと思われます．
>
> 海外の場合に懸念されるのは，廃棄費用を惜しんで，不法処分される電気製品が一向になくならない点です．この対策として，不用電気製品の完全買い取り制度を法制化し，メーカもリサイクル費用を含んだ価格設定にしてほしいものです．この点はカルテルを結んでもよいのではないでしょうか．
>
> 〈柿崎 弘雄〉

熱端子を温めたところ，熱が反対側まで伝わり，はんだが濡れました（**写真19⑤**）．ほかの端子は，こてを上から下へ「スイッ」と動かします．

ここで紹介した方法は，**写真21**では通用しません．放熱用パッド全てにはんだをなじませることは不可能です．つまり，実際よりも放熱性が悪くなっていることを承知しておく必要があります．代わりに，はんだが付かない部分に放熱グリスを塗っておくという方法が考えられます． 〈山下 俊一〉

◆参考・引用*文献◆

(1)* 推奨はんだ付け条件，ローム㈱．
 http://www.rohm.co.jp/products/databook/tr/pdf/surface-handa_tr-j.pdf
(2) パッケージ仕様，ローム㈱．
 http://www.rohm.co.jp/products/databook/tr/pdf/transistorpkg_1-j.pdf

写真21
さすがにこのタイプは放熱パッドの面積が広く，パッド全部にはんだが乗らないロームのCPT3パッケージ．

3-7 OPアンプなどの8ピンIC
一番よく使うICパッケージで基本技をマスタ

■ バッチリ付けるには…

要点1 端子とパッド間で奇麗なフィレットを作るために，位置合わせが重要です（図7）．

要点2 ブリッジを未然に防ぐために必ずフラックスを塗ります．

要点3 慣れないうちは，1ピンずつはんだ付けをしましょう．

要点4 万が一，パッドの長さが足りないときは，ICのリードをニッパで切ります（図8）．

● 手はんだに適したパッドの形状

図9にパッドの形状例を示します．メーカ推奨は，リードの外側に0.7 mm程度のフィレットを設けています．この寸法なら十分手付け実装が可能でしょう．

■ やってみよう！

手順1 予備はんだ
1番ピンに予備はんだを盛ります（写真22①）．

手順2 仮どめ
ピンセットでICをつまみ，予備はんだを溶かして仮どめします．部品の位置を確認してください．特に1～4ピン側のパッド面積と，5～8ピン側のパッド面積が同一であることを確認しましょう（写真22②）．

続いて，対角の5ピンを仮どめします．なお，作業のしやすさから，5ピンではなく，4ピンを仮どめしてもかまいません．

手順3 フラックス塗布
フラックスを全ピンに塗布します（写真22⑤）．

手順4 仕上げ
2→3→4→6→7→8ピンの順にはんだ付けし（写真22⑥），最後に1ピンと5ピンを再はんだします．写真22⑧は仕上がった様子です．

手順5 ブリッジへの対処法1
はんだブリッジが発生したら，ブリッジ部分にフラックスを塗布し，はんだ吸い取り線で余分なはんだを取り除きます（写真23）．吸い取った後は，フラックスを塗布して1ピンごとはんだ付けしましょう．

手順6 ブリッジへの対処法2
ブリッジが発生したとき，フラックスだけでブリッジへ対処する方法もあります．まずはフラックスを塗り，こてを図10(a)または(b)のように動かしてみてください．このとき，図11のようにこて先がしっかりとはんだに接していることが重要です．

〈山下 俊一〉

◆引用文献◆
(1) DS91D176/DS91C176マルチポイントLVDS（M-LVDS）トランシーバ，ナショナルセミコンダクター．
http://www.national.com/JPN/ds/DS/DS91C176.pdf

Column: SOP，QFPの注意点

▶QFPやSOPはプラスチック・パッケージ品が主流ですが，セラミック・パッケージ品もあり，いずれも耐熱性に優れています．通常使用での問題はありません．

しかし，吸湿パックから取り出され，湿度管理された状態で保管しなかった場合には，まれに防爆を生じます．防爆とは，モールド樹脂が高湿度などの環境下で吸湿して加熱された場合，パッケージ内部で水分が一気に過熱膨張し，パッケージを壊す現象です．

▶従来，生産工場では，流しはんだという技法ではんだ付けが行われていましたが，鉛フリー化でやむなく1ピンずつはんだ付けする品種もあります．QFPは，SOPと比べてピン間距離が狭いものが多いので，はんだブリッジが生じやすくなります．パッケージを基板からはがすときは，パッドはく離が起きないように気を付けましょう．

〈柿崎 弘雄〉

図7 左右のパッド面積が均しくないとはんだが十分に乗らない

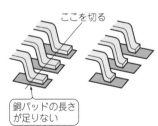

図8 たまにあるパッドの長さ不足には足をカットして対応

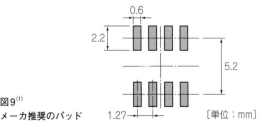

図9[(1)] メーカ推奨のパッド

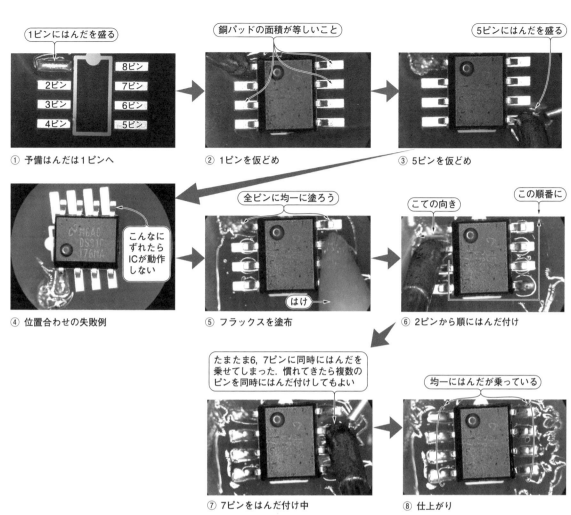

写真22 OPアンプなどの8ピンICのはんだ付け手順

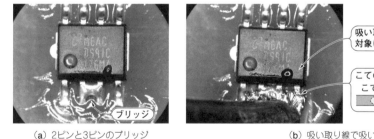

写真23 吸い取り線でブリッジを修正

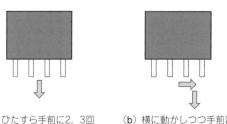

図10 ブリッジへの対処法

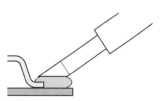

図11 こて先はできるだけ多くの面を対象物に当てる

3-7 OPアンプなどの8ピンIC

3-8 メモリやマイコンなどの狭ピッチIC
位置合わせを慎重に

最近のICは，とにかく多ピンで，ピン間のピッチも0.5〜0.65 mmしかありません．このような狭ピッチのICに鉛フリーはんだを付けるにはどうしたらよいのでしょうか．

■ バッチリ付けるには…

要点1 はんだこてを当てる前に，フラックスを塗る習慣を付けましょう．

要点2 こて先をパッドやICの端子に密着させるため，こて先を念入りに選びます．

要点3 こて先の温度は350℃にします．

要点4 リードに対して1ピンずつはんだ付けしません．時間がかかるからです．ブリッジを気にしないで一気にはんだを付けます．

要点5 こて先を当てる場所も重要です．図12(c)のように当てます．

要点6 はんだブリッジは，吸い取り線を使い修正します．

要点7 力を入れすぎると，ICの足が曲がります（写真24）．上手く乗らないからといって，短気を起こすのはやめましょう．

● 手はんだに向くパッドの形状

ICの部品外観を写真25に示します．メーカ推奨のパッドはありませんでした．リードの端からパッド端まで0.8 mm〜1.0 mm程度のフィレット領域があれば（図13），手付け実装ができます．

■ やってみよう！

手順1 フラックス塗布

基板パッドの全ピンにフラックスを塗布します（写真26①）．はんだ付けするパッドに塗ります．ICの下側にはできるだけ塗らないようにしましょう．

手順2 仮置き

ICを先曲がりピンセットで挟んで基板の上に移動し，仮置きします（写真26②）．全ピンの位置をパッドと正確に合わせます．QFPの四辺がパッドに対して位置ずれしていないか確認します（写真26③）．位置の微調整の際には，ピンセットを2端子部品のはんだ付けで利用したものに変えています（写真26④）．

手順3 仮どめ

写真26⑤〜⑧のように，ICの四隅をはんだで固定します．できるだけ対角線で固定するようにします．仮置きの位置をずらさないように丁寧に行います．

手順4 フラックス塗布

リード部にフラックスを塗布します（写真26⑨）．たっぷり塗りましょう．

手順5 はんだ付け

いよいよはんだ付けです．はんだこてにはんだを盛り，こてをQFPリードに密着させます．ゆっくりと左から右へ動かします．写真26⑪〜⑬を見てください．図12(c)のように，こて先がリードとパッドに当たっていますね．

手順6 ブリッジへの対処法

はんだ吸い取り線を使用します（写真27）．ICのリード線を曲げないように，また，こて先に力を入れす

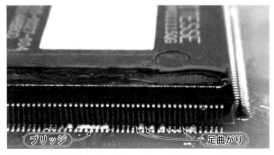

写真24 鉛入りはんだの経験しかない作業者によるはんだ付け

写真25 多ピンQFP ICの外観

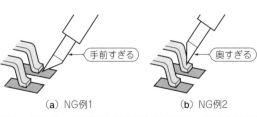

図12 ICのリードを確実にはんだ付けするには，こてを当てる位置が重要

図13 ICのリード端から1mm程度余分にパッドがあれば手はんだ可能

① フラックスを塗布

② リードを曲げないようにICを基板の上に移動する

③ ルーペを使って位置を目視検査

④ 先のとがったピンセットを使い位置を微調整

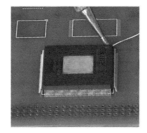
⑤ 仮どめ1

⑥ 仮どめ2

⑦ 仮どめ3

⑧ 仮どめ4

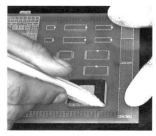
⑨ 再度四辺にフラックスを塗る

⑩ ⑨の拡大

⑪ 仕上げ1

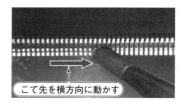
⑫ 仕上げ2

⑬ 仕上げ3

写真26 狭ピッチ多ICのはんだ付け手順

ぎないようにしましょう．吸い取り線にこて先が接触する面積が多くなるようにします．そっと乗せていると，じわっとはんだがなじんでくるのが分かります．

〈山下 俊一〉

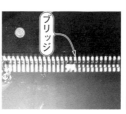
（a）ブリッジ発生

（b）吸い取り線で修正

写真27 ブリッジを修正する方法

3-8 メモリやマイコンなどの狭ピッチIC　47

3-9 ブリッジを修正しにくい0.5 mmピッチ・コネクタ
1ピンずつ丁寧にはんだ付け

ここで紹介するのは，最近増えてきた小型液晶ディスプレイやカメラ・モジュールから出ているケーブルとペアで使う，表面実装タイプのコネクタ（写真28）のはんだ付け方法です．

■ バッチリ付けるには…

要点1 コネクタによっては足の奥にはんだが吸い上がってしまうと（図14），なかなか取り除くことができないので，1ピンずつはんだ付けします．

要点2 コネクタの中には，熱可塑性樹脂という高温で溶ける樹脂でできているものがあるので，本稿のようにできるだけ短時間の作業で済ませるように練習しましょう．

要点3 はんだブリッジを修正する時は，熱を加えすぎて樹脂を溶かしてしまいがちです（写真29）．

要点4 QFP ICと異なり，リード浮きが分かりにくいので，はんだ付け前に十分確認しましょう．いったんリードが浮いてしまうと，はんだ付けの難易度が上がります．

要点5 位置固定用の端子が両側に付いていますが（写真30），ここにはんだを盛りすぎるとロック板が入らなくなります．

● 手はんだに向くパッドの形状

L型コネクタの外観を写真30に，パッドの外形を図15に示します．固定用端子は，メーカ推奨サイズでも十分手付けが可能です．端子部分に0.8～1.0 mmのフィレット領域があれば，手付け作業がしやすくなります．実装強度を上げたい場合は，固定用端子のパッドを大きくすると一定の効果が得られるといわれています．ただし，部品下でのショートを防ぐため，パッドの拡大は部品外側に向かって行いましょう．また，固定端子を基板上のべたパターンに埋めても同じ効果を得られます．さらに，べたパターンにスルー・ホールを設けることで，より強度が増します．

■ やってみよう！

手順1 予備はんだ

コネクタ固定用端子に予備はんだをします．片側の端子だけでかまいません．

手順2 仮固定

ピン・セットで部品をつかみ，はんだこてで予備はんだを溶かし，部品を仮どめします（写真31②）．その際に，部品とパッドとのずれがないか，パッドに対してリードの浮きがないかを確認しましょう．コネクタは端子数が多く，幅の広いものが多いので，10ピン辺りのずれがわずかでも，40ピンになるとずれが

◀写真28
表面実装型コネクタのはんだ付けはどうしたらいい？

0.5mmピッチのコネクタ

写真30
L型コネクタの外観
固定用端子

▶写真29
ピンを温め過ぎて樹脂が溶けた例

ピンを温めすぎると…
基板
コネクタの樹脂
樹脂が溶ける

図14 修正しづらい「はんだ上がり」
ここにはんだが付くとなかなか取り除けない

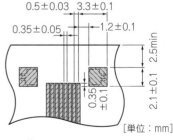

図15[(1)] メーカ推奨のパッド
[単位：mm]

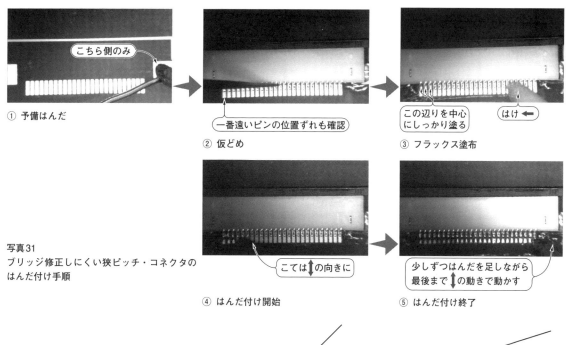

写真31 ブリッジ修正しにくい狭ピッチ・コネクタのはんだ付け手順

① 予備はんだ
② 仮どめ
③ フラックス塗布
④ はんだ付け開始
⑤ はんだ付け終了

図16 こての動かし方　（a）細いこて先で1ピンずつはんだ付け　（b）ベテランはQFP ICと同様に一気に

大きかったりするので，全ての端子を目視確認します．

手順3 フラックス塗布

フラックスを全ピンに塗布します(**写真31**③)．パッドとピンの間にも染み込むように，ゆっくりと時間をかけて塗布します．

手順4 仕上げ

1ピンずつはんだ付けします．部品リードに対して垂直にはんだこてを動かします(**写真31**⑤)．ベテランになると，QFP ICのはんだ付けと同じように横方向にこてを動かし，一気にはんだ付けします．

繰り返しになりますが，ビギナは**図16**(a)のように細いこて先で1ピンずつはんだ付けします．

〈山下 俊一〉

◆引用文献◆
(1) FLZコネクタ，日本圧着端子製造㈱．
引用元：http://www.jst-mfg.com/product/pdf/jpn/FLZ.pdf

はんだ付けの熱で壊れることもある温度ヒューズ　Column

温度ヒューズは，電気機器の不具合による過電流などで生じる機器の発熱を感知し，回路を遮断して保護する部品です．ノート・パソコンや携帯電話などに使用するリチウム・イオン電池やニッケル水素電池などの過充電保護回路にもよく使われます．

図Hに示すように，内部に熱で溶ける材料(可溶体)が使われているので，部品自体の耐熱性ではなく，ヒューズが作動する温度を確認して，こての温度やはんだ時間を設定します．　〈柿崎 弘雄〉

図H 温度ヒューズの構造
リードを温めると可溶体に熱が伝わる．

3-10 はんだが吸い上がりやすいストレート・コネクタ
修正しづらく目視確認が難しい，1ピンずつ丁寧に

フレキ・ケーブル用のストレート・コネクタは，挿入口が上側を向いており，基板に対して垂直に立っています．背が高く，リードの長いタイプが多いことが特徴です（**写真32**）．

リードが露出しているタイプは，はんだが吸い上がりやすく（**写真33**），いったんそうなってしまうと，目視で確認するのは大変です．

はんだが吸い上がったリードにはんだ吸い取り線を当てると，モールドも温めることになり，モールドが溶けてしまいますから，修正は簡単ではありません．

● 手はんだに向くパッドの形状

使用した部品を**写真34**に，パッド形状を**図17**に示します．固定用端子は，メーカ推奨サイズでも十分手付けが可能です．端子部分はメーカ推奨では0.5 mmのフィレット領域となっていますが，0.8～1.0 mmぐらいにすると，さらに手付け作業がしやすくなります．

3-9節と同じ方法で実装強度を上げられます．

■ やってみよう！

手配したコネクタは，ストレート・タイプとはいえリードが上方向に伸びておらず，吸い上がりの心配はありませんでした．以下，参考までにはんだ付けの手順を示します．

コネクタ固定用端子に予備はんだを付けます（**写真35**）．固定用端子は四つありますが，ここでは1個所をとめます．

ピンセットで部品をつかみ，パッドの予備はんだをはんだこてで溶かして部品を仮どめします．位置を気にしながら反対側も仮どめします．

フラックスを塗布します．塗布するのは，ピンとパッドの間です．パッド側へしっかり塗っておかないと，ピン側にはんだがなじみ，はんだ上がりが起きます．

こて先にはんだを盛ります．コネクタのリードに対して垂直にこてを動かします（**写真35**）． 〈山下　俊一〉

◆引用文献◆

(1) 0.5・1 mmピッチ対応FPC・FFC用コネクタ，ヒロセ電機㈱．http://www.hirose.co.jp/catalogj_hp/j58605370.pdf

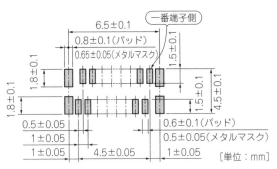

図17(1)　メーカ推奨のパッド

写真32　ストレート・タイプのコネクタはリードの長いものが多い

写真33　はんだ吸い上がりの例

写真34　端子間隔が1 mmのストレート・タイプ・コネクタ
ヒロセ電機のFH12-10S-0.5SV.

写真35　ストレート・コネクタのはんだ付け手順

3-11 フラックスを使えない同軸ケーブル用コネクタ
波形を乱さないように細心の注意を払う

同軸ケーブルは，高周波信号や高速信号を伝送するときに使います．もし，接続点にインピーダンスの変化点ができると，信号の波形が乱れてしまいます．ここではSMT対応高周波同軸コネクタTC-7シリーズ（SMK）を例に，はんだ付けのテクニックを紹介します．

■ バッチリ付けるには…

要点1 追加のフラックス塗布は控え，糸はんだに含まれるフラックスだけではんだ付けします．動画では必要最少限のフラックスを塗布しています．コネクタ部にフラックスがはい上がらないようにしましょう．はんだ付け後に接続するコネクタが接触不良になります．

要点2 パターン禁止エリアがあります（図18）．ここには，はんだが付かないようにします．

● 手はんだに向くパッドの形状

部品の外形を写真36に，パッドの形状を図18に示します．メーカでは，リードの外側に0.3 mm程度のフィレット領域を推奨していますが，0.8 mm～1 mm程度にしておくと手付け作業がしやすくなります．

■ やってみよう！

手順1 予備はんだ

中心端子のパッドに予備はんだを盛ります．こて先の小さなものを使用しましょう．

手順2 部品の固定

ピンセットで部品を固定し，こてで予備はんだを溶かして仮どめします（写真37②）．しかし，中心端子にはんだを乗せただけでは，まだぐらぐら動きます．そこで写真37③のように，上側のグラウンド端子にも，そっとはんだを乗せます．

手順3 仕上げ

まず，3番目の端子からはんだ付けします（写真37④）．フラックスはなるべく使用しないでください．

〈山下 俊一〉

◆引用文献◆
(1) RF Coaxial Connectors(SMT), TC-7 Series<3 GHz>, SMK. http://www.smk.co.jp/p_file/TC7_20080919.pdf

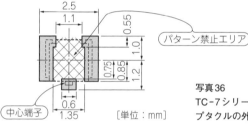

図18[(1)]
SMT対応高周波同軸コネクタ「TC-7シリーズ」のパッド
同軸コネクタのレセプタクルを取り付ける基板にはパターン禁止エリアがある．

写真36
TC-7シリーズ・レセプタクルの外観

① まずは中心端子に予備はんだ

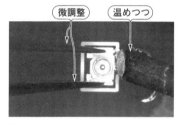

② 中心端子をはんだこてで温め位置を決める

③ 上側もはんだ付け

④ 下側はしっかりはんだ付け

⑤ 次に上側をはんだ付け

⑥ 最後に中心端子をはんだ付け

写真37 接触部にフラックスを付けたらインピーダンスが狂ってしまう同軸ケーブル用コネクタ

3-12 裏面に放熱用パッドの付いたIC
はんだこてだけでは付けられない

ここでは，裏面に放熱用のパッドが付いたICのはんだ付けの方法を紹介します．

写真38に示すのは，パッケージが4×4mm，20ピンQFNのDC-DCコンバータ制御IC（XC9515，トレックス・セミコンダクター）です．

図19に，XC9515の外形を示します．裏面の放熱パッドは，こてではんだを付けることができません．工業用ドライヤを利用すれば付けられますが，ICの温度上昇を管理できないので，個人的な試作に限定してください．

■ やってみよう！

ICが小さいので，実体顕微鏡をのぞきながら作業をします（写真39）．顕微鏡による作業は細かく難しいというイメージがあるかもしれませんが，むしろその逆で，部品が大きく見えるので，とても作業が楽になります．

手順1 放熱パッドへはんだ

放熱用のパッドを取り付ける基板側のパターンに，軽くはんだ付けます（写真40①）．薄く盛り上がる程度とします．多すぎる場合は，はんだ吸い取り線で吸い取ります．

手順2 フラックスを塗布

基板に液体のフラックスをたっぷり塗ります（写真40②）．

手順3 ICの放熱パッドをドライヤではんだ付け

顕微鏡をのぞきながら，ピンセットでICの位置出しをします．そして，ドライヤでICと基板の間に熱風を吹き付けます（写真40③）．すると間もなくフラックスがふつふつと沸騰し，はんだが溶けて，ICが沈みます．沈んだら素早くドライヤの熱風を遠ざけます．

ドライヤは最大400℃の熱風を出すので，ICを壊さないように気を付けて作業しましょう．

手順4 ICの端子ははんだこてではんだ付け

再びたっぷりの液体フラックスを塗り，顕微鏡をのぞきながら20ピンの足をはんだ付けしていきます（写真40④）．この場合は1本ずつ付けるイメージではなく，はんだこてで横にスーッとなでる感じです．すると表面張力の作用で奇麗にはんだが流れてくれます．写真40⑤が仕上がった様子です．

写真38　4mm×4mmの20ピンIC
トレックス・セミコンダクター提供．

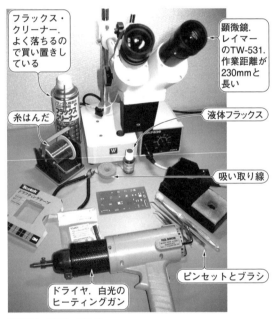

写真39　用意した道具

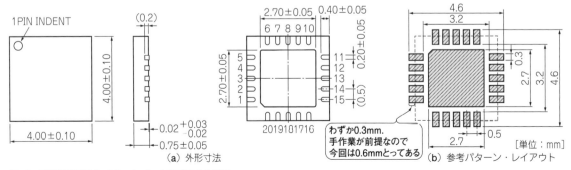

(a) 外形寸法　　(b) 参考パターン・レイアウト

図19　同期整流型DC-DCコンバータXC9515の外形

① 放熱パッドへはんだ

② フラックス塗布

③ はんだ付け1…ドライヤで放熱パッドを温める

④ はんだ付け2…やさしくなでる感じ．すると各端子にはんだが流れる

⑤ はんだ付け終了

⑥ クリーニング

⑦ クリーニング後

写真40 放熱用パッドの付いたICのはんだ付け手順

手順5 クリーニング

液体フラックスでギトギトになっているので，フラックス・クリーナで洗浄するとよいでしょう（**写真40**⑥）．**写真40**⑦に出来上がりを示します． 〈浜田 智〉

1.3 mm角の極小ICの手付けにトライ   Column

　トレックス・セミコンダクターのLDOレギュレータXC6420のはんだ付けに挑戦してみました．

　このパッケージはUSPN-6で，1.3 mm × 1.3 mmの6ピンICです（**写真B**）．小さい部品ですが，実体顕微鏡で大きく見えているため，大きなサイズの部品を取り扱っている感じになります．

　今回は，ICを同社の評価基板に取り付けます．評価基板をテープで固定し，液体フラックスをたっぷり塗ります．

　評価基板には，少し厚手のはんだがされていました．これの熱伝導を利用してはんだ付けします．顕微鏡をのぞきながらICの位置出しをして，こてを基板のパッドに当てます．すると，基板のはんだが溶けてICがはんだ付けされます（**写真C**）． 〈浜田 智〉

写真B 1.3 mm × 1.3 mmの6ピンIC

写真C
顕微鏡をのぞきながら，こてだけではんだ付けできた

3-13 はんだやパッドの理想的な形は富士山
長くすそを引き,光沢と艶があって滑らか

写真41に,チップ・コンデンサやトランジスタの不濡れ(未接続)の様子を示します.多くの製品において,この不具合が起こりえます.不濡れは,生産ラインを通過した時に一度は良品と判断されても,経時変化で未接続になる原因になります.

はんだの理想的な形

ではいったい,はんだ付けのOK/NGは,どのように判断するのでしょうか.図20は,はんだの濡れ角によってはんだ付け状態を判断する方法です.濡れ角が小さいほどはんだ付けが良好であることを示し,仕上がり状態の目安になります.

● 富士山の形になっていること

はんだ付けで重要なのは,以下の4点です.

(1) 濡れ…はんだが良く流れ,長くすそを引いている状態(図21)
(2) 化合,拡散…光沢と艶があって,滑らかである状態(写真42)
(3) 量…はんだの肉厚が薄く,線筋が想像できる状態(写真43)
(4) 外観…はんだ接合個所にはんだの割れ,ピンホールがない状態.ピンホールとは,はんだの下に不濡れや空洞があり,そこを通して表面に微細な穴が発生したもの

● はんだの接続幅は電極幅の3/4以上

図22をもとに説明します.電極幅Wとはんだの接続幅C,パッド幅Pの関係は,次の条件が望ましいです.

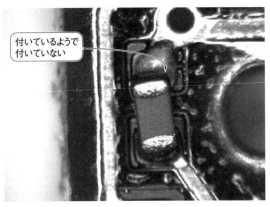

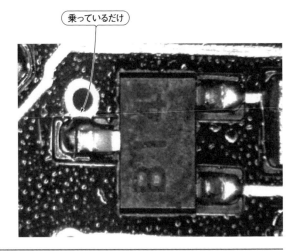

写真41 時間が経つと動作しなくなる可能性のあるはんだ付け

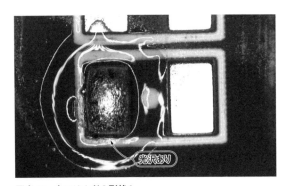

写真42 良いはんだの形状2
光沢と艶がある.

写真43 良いはんだの形状3
肉厚が薄く線筋が分かる.

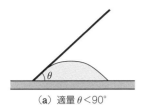
(a) 適量 θ<90°

(b) やや多い θ=90°

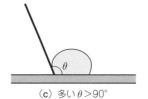
(c) 多い θ>90°

図20 はんだ付けのOK/NGは濡れ角で判断する

長くすそを引いていること

図21 良いはんだの形状1

$W<P$ …電極幅はパッド幅より狭いこと
$C>3/4W$ …はんだの接続幅は電極幅の3/4以上必要

● チップ部品のはんだの高さ

図23をもとに説明します。はんだの高さEは、パッド上のはんだ厚Gと部品電極高さHから決まります。接続信頼性から、はんだの高さEは次式で求めるサイズが理想です。

$E : G + H/2$ 以上 …パッド上のはんだ厚と1/2電極高さの合計よりも厚いこと

● ICのはんだの高さ

図24をもとに説明します。トップ・フィレットF_1とバック・フィレットF_2の厚さは、次の条件が望ましいです。ICのリード線の厚さをTとしています。

$F_1 : G + T/2$ 以上 …はんだ厚と1/2リード厚の合計よりも厚いこと

$F_2 : G + T$ 以上 …はんだ厚とリード厚の合計よりも厚いこと

パッドの理想的な形

● チップ抵抗,コンデンサ

図25をもとに説明します。S_1:パッド外側長さ,S_2:パッド内側長さ,A:パッド幅,W:部品幅,L_L:パッド長さ,L:部品長さ,B:電極長さ,L_S:パッド間隔,P:部品の位置精度,H:部品高さとします。

パッド外側長さは、次式で求めるサイズが理想です。

$S_1 = H/2 + 0.1$ mm …1/2部品高さ + 0.1 mm

パッド内側長さは、0.1 mm ($S_2 = 0.1$ mm)が理想です。

パッド幅Aは、次式で求めるサイズが理想です。

$A = W + P$ …電極幅 + 誤差勘案分

パッド長さL_Lは、次式で求めるサイズが理想です。

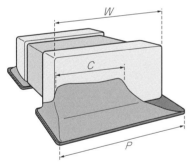

図22 2端子チップ部品のはんだ幅を判定するパラメータ

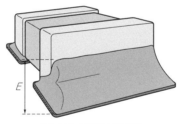
(a) はんだの最大高さE

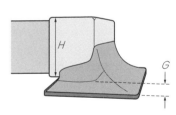
(b) パッド上のはんだ厚G

図23 2端子チップ部品のはんだ高さを判定するためのパラメータ

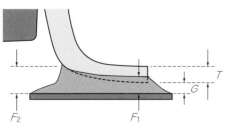

図24 ICのフィレット厚を判定するためのパラメータ

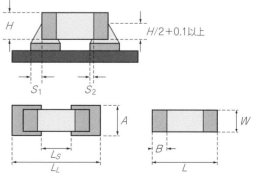

図25 パッドの理想的な形状を求めるためのパラメータ(チップ抵抗)

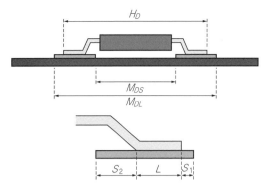

図26 パッドの理想的な形状を求めるためのパラメータ(IC)

$L_L = L + S_1 \times 2 + P$ …部品長さ＋パッド外側長さ×2＋誤差勘案分

パッド間隔L_Sは，次式で求まるサイズが理想です．
$L_S = L - (B \times 2 + S_2 \times 2 + P)$ …部品長さ－(電極長さ×2＋パッド内側長さ×2＋誤差勘案分)

● QFPやSOPなどのIC

図26をもとに説明します．H_D：リード長さ，P_{IC}：ICの端子間ピッチ，M_{DL}：パッド外側長さ，M_{DS}：パッド内側間隔，b：パッド幅，L：リード接触部長さ，S_1：パッド前側長さ(0.3 mm)，S_2：パッド後ろ側長さ(0.4 mm)とします．

パッド外側長さは，次式で求まるサイズが理想です．
$M_{DL} = H_D + S_1 \times 2 + P$ …リード長さ＋パッド前側長さ×2＋誤差勘案分

パッド内側間隔は，次式で求まるサイズが理想です．
$M_{DS} = H_D - (L + S_2) \times 2 - P$ …リード長さ－(リード接触部長さ＋パッド後ろ側長さ)×2－誤差勘案分

パッド幅をbとすると，
$0.49 P_{IC} \leq b \leq 0.55 P_{IC}$
が理想です．

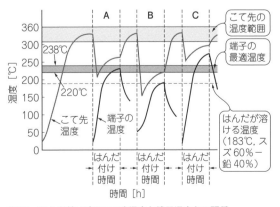

図27 はんだ付け時のこて先温度と端子温度との関係

こての熱量と対象物の熱量を等しくする

はんだ付けで重要なのは，はんだの溶け始めるときの温度です．チップ電極やパッド，はんだこて，糸はんだのそれぞれの温度が常に変化することを念頭に置いて作業を進めましょう．

必要以上に熱を加えるとチップ電極を壊したり，パッドや配線パターンを焼損，はく離したりします．はんだ付け時のこて先温度と電極端子温度との関係は，**図27**のようなグラフで表せます．図中のA，B，C部は，

A部：こての熱量と電極端子の大きさが最適の場合
B部：こての熱量に対し電極端子が大き過ぎる場合
C部：こての熱量に対し電極端子が小さ過ぎる場合

です．はんだ付けには三つの管理項目があります．

(1) 熱源となるこて先の温度

部品，パッドの大小に対して，こて先形状や熱容量，温度を検討します．基本的にはこて先の熱容量が大きい品の方が，こて先温度は一定に保たれやすいでしょう．

(2) パッドや部品の適正温度

こて先の温度と接合部の温度は100℃以上の差があります．パッドの温度が220℃でも，こて先は350℃だったりします．こて先の温度ばかりでなく，パッドや部品の温度も気にしましょう．

(3) はんだの温度

融点ははんだの組成で異なります．

表1 はんだ付けの手順「5工程法」

工程図	工程
はんだ／こて先	① 準備 こて先とはんだを近づけて，いつでもはんだ付けできる状態に準備するとともに，位置を確認する．
	② こてを当てる こて先を母材に当てて，加熱する．
	③ はんだを与える はんだを溶かす． はんだを母材に当てて，はんだを適量溶かす．
	④ はんだを引く はんだを離す． 適量のはんだを溶かしたら，はんだを素早く離す．
	⑤ こてを引く こてを離す． はんだが目的の範囲に広がったとき，こてを離す．スピードと方向に注意する．

はんだ付けには正しい手順がある

確実にはんだ付けをするには，表1に示す五つの手順を守ることが重要です．よく見かけるのは，はんだをこて先に当てて溶かす人です．正しくはこて先を対象物に当てて予熱し，温まった対象物に向けてはんだを流し込むのです．

銅はくが見えていると不安になることから，はんだ量を多くしがちです．それよりもフラックスなどを使ってパッドの酸化膜を除去し，はんだをしっかりと拡散させることが大切です．

〈柿崎 弘雄〉

3-14 こんな「はんだ付け」はNG
ドキッ！見たことある

まずは下の写真を見てください．はんだ付け部の写真ですが，いずれもよくない例です．

● いも付け

はんだの表面がざらつき，金属的な光沢や滑らかさがない状態で，機械的な強度が劣ります（**写真44**）．この不良の原因は三つ考えられます．
(1) はんだが固まらない間に接合部が動いた場合
(2) 加熱が十分でなく，はんだが完全に溶けないうちにこてを離してしまった場合
(3) 加熱温度が高すぎ，オーバーヒート状態になった場合

● つの

はんだ付けの表面に角のように飛び出しているものを指します（**写真45**）．こての離し方が悪い場合や加熱時間が長い場合に起こります．

● ブリッジ（ショート）

本来つながってはいけない基板の配線パターン同士や，隣接する端子がはんだでつながってしまう状態を指します（**写真46**）．はんだ量が多いと起こりやすく，回路が正しく動作しないばかりか，大切な部品を壊してしまうこともあります．

● 赤目

基板の銅パターン（パッド）が温まっていなかったり，酸化膜ができていて，はんだが広がらなかったときに発生します（**写真47**）．放置しておくと銅パターンが

写真44 機械的な強度が足りない「いも付け」

写真45 加熱しすぎたり，こての離し方が悪かったりしたときに生じる「つの」

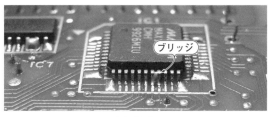

(a) IC上

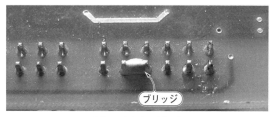

(b) コネクタ・ピン上

写真46 信号線同士の短絡「ブリッジ」

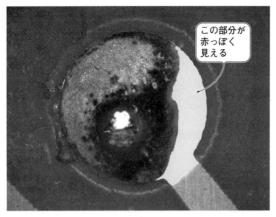

写真47　パッドが酸化，腐食する可能性のある状態「赤目」

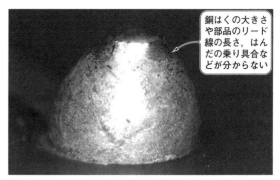

写真48　はんだを加えすぎた状態「はんだ量過多」

写真49　基板の銅はくを加熱しすぎると起きる「パターンはく離」

写真50　正しいはんだ付けができると仕上がりが富士山の形に見える

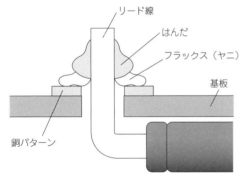

図28　はんだと銅パターンの間にヤニが入ってしまった状態「ヤニ付け」

酸化，腐食し，回路が正しく動作しなくなる可能性もあります．

● はんだ量過多

　はんだ量が多いと（**写真48**），正しいはんだ付けができているかどうか判断ができません．

● パターンはく離

　はんだこての温度が高すぎる，または長時間加熱し続けると基板の銅はくがはがれてしまいます（**写真49**）．銅が切れてしまうと，回路は動作しません．

　運良く切れなかった場合でも，部品が固定されないため，振動などで銅パターンが断線してしまい，いずれ正しく動かなくなります．

● ヤニ付け

　はんだと部品との間にフラックスの膜がある状態（**図28**）で，電気的導通がない，または最初は導通しているものの，使っている間に導通不良を起こすような状態です．

　これは基板の銅パターンや部品のリード線が酸化しており，はんだが十分なじまなかったり，加熱が不十分な場合が考えられます．

＊　　　　＊

　正しいはんだ付けとは，**写真50**のように，はんだが基板のパターンに富士山の裾野のように流れ広がり，リード線になだらかにはい上がっている状態です．表面が滑らかで金属的な光沢があります．〈佐々木康弘〉

（初出：「トランジスタ技術」2011年11月号　特集　第1章，イントロダクション）

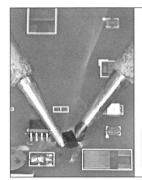

第4章 温風装置やはんだこて2本を操る
部品の取り外しテクニック

山下 俊一／柿崎 弘雄

プリント基板に実装済みの電子部品を外す機会は少なからずあります．それは，たいてい気持ちや時間に余裕がないときに行う作業です．焦ると，プリント基板の配線パターンをはがしたり，部品を壊したりします．コツを知っているだけで，ずいぶんうまく外せます．

4-1 2 mm角以下の小型2端子部品
両端子を同時に温めるこて先を選択する

■ やってみよう！

手順1 フラックスを塗布

取り外す部品の電極にフラックスを塗布します（写真1①）．

手順2 予備はんだ

はんだこてにはんだを盛り，両電極をブリッジさせます（写真1②）．

手順3 取り外し

両電極のはんだが溶けたら，こて先に部品を付着させたまま動かして，部品を取り除きます（写真1③）．

手順4 クリーニング

部品を取り除いたパッドをはんだ吸い取り線でクリーニングします（写真1⑤）．取り除いた部分にキズや周辺のはんだくずがないことを確認します．

＊　　　　＊

①フラックスを塗る
はんだやパッド表面の酸化膜を除去し，はんだの流動性を良くする．

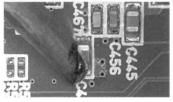

②こて先にはんだを盛り両電極をブリッジ

③両端子のはんだが溶けたら

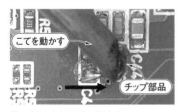

④こてを矢印の方向に動かす

⑤クリーニング開始

⑥クリーニング後

写真1　2 mm角以下の小型2端子部品を取り外す手順

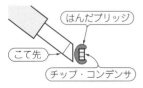

図1　こて先はチップ部品の長手方向よりも長いものを使う

図2　はんだはチップ部品ではなく，こて先に盛る

図3　取り外したくない部品には，はんだを盛らない

図4　両端子のはんだが溶けていないうちにこてを動かさない

図1～図4に注意点を示します.
取り外した部品は,保証耐熱温度を超えている可能性があります.そのため,再使用には向きません.

〈山下　俊一〉

4-2　3216サイズ以上の大型2端子部品
はんだ吸い取り線を使う

■ やってみよう！

手順1 フラックス塗布

取り外す電極にフラックスを塗布します（**写真2**①）.

手順2 電極のはんだを吸い取る

片側の電極のはんだをはんだ吸い取り線で吸い取ります（**写真2**②）.吸い取り線をはんだの上に置き,こて先を押しつけると,2,3秒ほどで吸い取り線にはんだが吸い上がります.その後,こては**写真2**③のように手前に動かします.

もう片側も同じように吸い取ります（**写真2**④）.

手順3 部品除去

ピンセットを使って部品を除去します.パッドをはがさないように,こてで温めながら持ち上げます（**写真2**⑤）.

手順4 クリーニング

両電極にフラックスを塗布し,はんだ吸い取り線でクリーニングします（**写真2**⑦）.

＊　　　＊

4-1節のように,3216サイズ以上の2端子部品は両電極をブリッジして外すことも可能ですが,パッドが温まりはんだが溶けるまでに時間がかかります（**図5**）.ついつい力が入って,部品とパターンを一緒にはがしてしまうこともあります.

はんだ吸い取り後,ピンセットで部品が持ち上がらない場合は,電極にフラックスを塗布し,こてで加熱しながら静かに部品を持ち上げましょう（**図6**）.その際,無理に引きはがすとパッドがはく離します.

〈山下　俊一〉

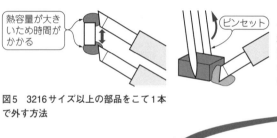

図5　3216サイズ以上の部品をこて1本で外す方法

◀図6
端子のはんだ全てを除去できなかったときは,こてで加熱しながら持ち上げる

①フラックス塗布

②吸い取り線を温める

③はんだを吸いながら動かす

④反対側も②と同様に作業

⑤部品を温める

⑥持ち上がる

⑦パッドをクリーニング

写真2　3216サイズ以上の2端子部品を外す

部品の真下にはんだが入り込んでいるアルミ電解はこて2本で外す方が楽　動画あり　Column

　アルミ電解コンデンサは，電極が部品の下側に入り込んでいます（写真A）．はんだ吸い取り線を利用しても取り外すのが難しいので，違う方法を紹介します．水晶振動子などにも使える方法です．

　はんだこてを2本使って，両側の電極のはんだをそれぞれ別のこてで溶かします．

● やってみよう

　写真Bに手順を示します．フラックスを塗り，予備はんだを行い，こて2本で温めます．　　　〈山下 俊一〉

写真A　アルミ電解コンデンサは部品の下側に電極がある
電極が部品の下にある．ここもパッドとくっついているため，はんだ吸い取り線ではんだを吸い切れない．

①フラックス塗布　②反対側もフラックス塗布

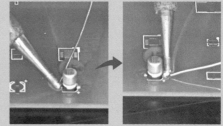
③予備はんだ1　④予備はんだ2

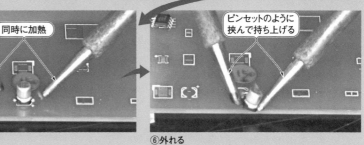
⑤こて2本で温める　⑥外れる

写真B　アルミ電解コンデンサをこて2本で取り外す手順

1～2秒温めたくらいでは部品が外れにくいパッドがある　Column

　写真Cと写真Dに示すのは，銅はくの面積が広く，スルー・ホールがたくさん空けられている電源とグラウンドの間に付けられたチップ・コンデンサを外しているところです．このように，はんだこての熱が逃げやすい部位は，1～2秒温めたくらいではチップが外れません．

　そこで，予備はんだの量を2～3倍にして，パッドを5秒くらい温めます．焦ってこてを動かし，p.59の図4のようにパターンをはがさないようにしましょう．〈山下 俊一〉

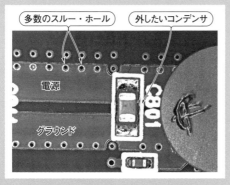

写真C　電源とグラウンド間に入っていたチップ・コンデンサ
配線パターンの面積が広く，しかもスルー・ホールで裏面に熱が逃げる．

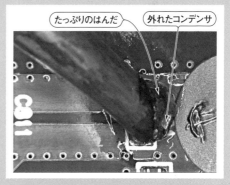

写真D　しつこいほど温めてやっと外れた瞬間

4-3 こちらを温めるとあちらが冷める3端子部品
こて2本でパッドを同時加熱

ここでは，10 mm角に満たない端子部品の取り外し方を紹介します．はんだこてを2本用意すれば外せます．米粒サイズのトランジスタであれば，2端子部品(4-1節)と同じ方法で外せます(図7)．

■ やってみよう！

手順1 予備はんだ

全ての端子にはんだを盛ります(写真3①)．その後，フラックスを塗布します．

手順2 取り外し

2本のこてを使い，両側の電極を加熱します(写真3③)．はんだが溶融したら，そのままはんだこてで部品を挟み，挟み込んだまま部品を取り外します(写真3④)．

手順3 クリーニング

部品を取り除いたパッドをはんだ吸い取り線でクリーニングし，パッド損傷やはんだ飛散がないかを確認します．

* *

こて先は，写真4のようなナイフ型がお勧めです．複数の端子に同時に熱を伝えられるからです．

〈山下 俊一〉

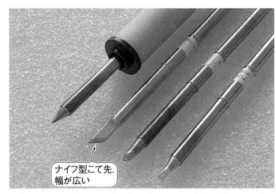

写真4 ナイフ型のこて先は幅が広いため，複数の端子に同時に熱を伝えられる

図7 米粒サイズのトランジスタなら，2端子部品と同じようにこて1本で外せる

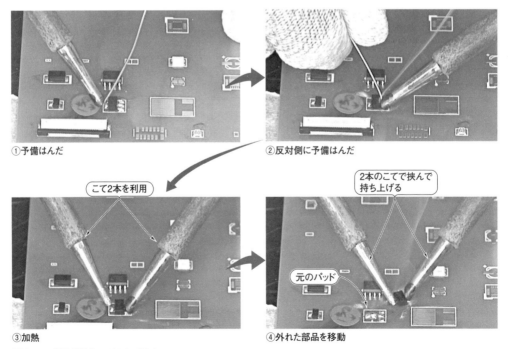

写真3 3端子部品をこて2本で外す

4-4 放熱パッドに熱を奪われる3端子部品
はんだを追加し2本のこてで確実に温める

■ バッチリ外すには…

要点 基板上のパッドにはんだをたっぷり追加すると，部品の放熱パッドに熱が伝わりやすくなります．

■ やってみよう！

手順1 予備はんだ

放熱パッドが付いている電極とほかの2本の端子にはんだをたっぷり足します．

手順2 取り外し

2本のはんだこてにはんだを盛ります．1本は放熱パッドの電極だけを温め，もう1本のこては2本のリードを交互に温めます．このときの放熱パッド側は，こてを動かしながらパッド全体に熱が伝わるようにします．

放熱パッド側を温めるこては，こて先サイズが大きな品がよいでしょう．

放熱パッド周辺のはんだが溶け出せば，部品が動きはじめます．

手順3 部品を移動させる

部品が動き出したら，端子を加熱しつつ，こて2本で挟んで部品をいったんひっくり返します．ひっくり返したあとはピンセットで挟んで移動させてもかまいません．

動画ではマスキング・テープを隣の部品の上に張り，そこに部品をいったん置き，そのあとピンセットで取り除いています．作業完了後はマスキング・テープをはがします

手順4 クリーニング

部品を移動したら，最後に部品を取り除いたパッドをはんだ吸い取り線でクリーニングし，パッドに傷やはんだくずの付着がないかを確認します．

　　　　　＊　　　　＊　　　　＊

3端子レギュレータなどに使われている放熱板付きの3端子部品は，基板側のパッドの放熱性が良いため，パッドがなかなか温まりません．その場合，最初に2本のこてで放熱パッド側の電極を温め，はんだが溶け出したら，**写真5③**のように全ての端子を温めて外します．

〈山下 俊一〉

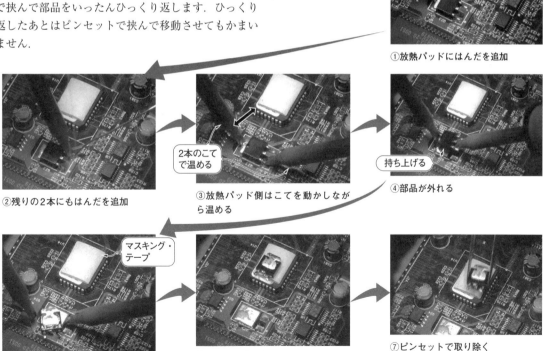

①放熱パッドにはんだを追加

②残りの2本にもはんだを追加

③放熱パッド側はこてを動かしながら温める

④部品が外れる

⑤部品をこてで裏返す

⑥いったん隣の部品の上に仮置き

⑦ピンセットで取り除く

写真5 3端子部品を2本のこてを使って外す

4-5 よく使う8ピンIC
ホットエアー装置で端子を均一に温める

OPアンプなどの8ピンICの取り外しには，以下の二通りの方法が考えられます．

(1) ホットエアー装置

温風でIC端子周りのはんだを溶かします．ホットエアー装置を使う場合，基板を温めすぎると部品や基板を焦がす可能性があります．慣れないうちは周囲をマスキング・テープで保護することをお勧めします．

(2) こて2本

8ピンICであれば，2本のこてで外すことも可能です．はんだをたくさん追加して外すので，取り外したあと，思わぬところにはんだが落ちたりします．お客様に渡す基板にはお勧めできない方法ですが，数枚の試作基板で，かつあとから動作を細かく確認できるのであれば，この方法でもよいかと思います．右ページのColumnで紹介しました．

■ やってみよう！

今回は(1)のホットエアー装置を利用する方法を紹介します．

手順1 取り外し場所の確保

取り外すICの周辺も温まるため，周囲に熱に弱い部品がある場合はマスキング・テープで保護します．写真6はマスキングを行わない例です．

手順2 フラックスの塗布

リード端子にフラックスを塗布します(写真6①)．

手順3 ホットエアーで温める

片方の手にホットエアー装置，もう片方の手にピンセットを持ち，部品に温風を当てていきます(写真6②)．

ホットエアー装置のノズルが細い場合は，各リードが満遍なく温まるように，ノズルを動かしながら温めましょう．

リード端子を見ているとはんだが溶けてくる様子が分かると思います．

手順4 取り外し

はんだが溶け出したらピンセットで挟みます．ピンセットで挟んで少しの力で動くようになれば，そのまま持ち上げます(写真6③，④)．

手順5 クリーニング

部品を取り除いたパッドをはんだ吸い取り線でクリーニングし，傷やはんだくずの付着がないかを確認します．

〈山下 俊一〉

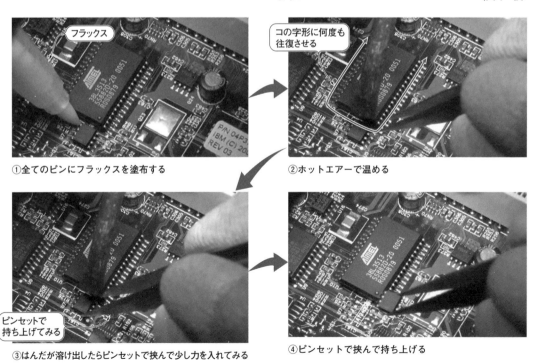

①全てのピンにフラックスを塗布する
②ホットエアーで温める
③はんだが溶け出したらピンセットで挟んで少し力を入れてみる
④ピンセットで挟んで持ち上げる

写真6 表面実装ICはホットエアー装置の熱風で外す

8ピンICをこて2本で外す

写真Eに手順を示します．

予備はんだを両側に盛り，フラックスを塗布します．

こて2本で温めます．こて先は，幅が広いものを選びましょう．

スルッと外れるので，こて2本で持ち上げます．ICを途中で落とすことがあり，思わぬところにはんだを散らします．ピッチの細かいICやコネクタの端子をマスキングしておきましょう．

〈山下 俊一〉

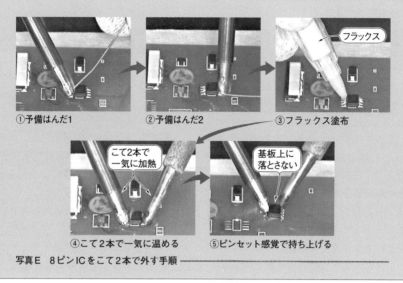

① 予備はんだ1　② 予備はんだ2　③ フラックス塗布
④ こて2本で一気に温める　⑤ ピンセット感覚で持ち上げる

写真E　8ピンICをこて2本で外す手順

水晶振動子は熱で周波数が変わる　Column

表面実装対応品は，セラミック・ベースに窒素などを封入した密閉空間を作り，振動子が振動しやすい構造となっています．この構造の部品には音叉型振動子や平板型振動子（図A）があり，いずれも熱による周波数温度偏移が見られるので，加熱のしすぎは禁物です．特に，金属ケースに入った振動子は，封止の際にスパッタが飛び，まれに振動子に付着していることがあります．はんだこてによるはんだ付け時の熱で，スパッタが外れてしまうことがあるのです．また，振動子と電極に導電性接着材を使っているケースが多いので，加熱のしすぎは故障の原因になります．

スパッタとは，金属ケースを封止する際に，シーム溶接をするのですが，このときの溶接カスを指します．まれに金属ケース内側や水晶片にも付着します．

〈柿崎 弘雄〉

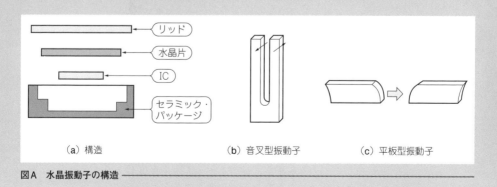

(a) 構造　(b) 音叉型振動子　(c) 平板型振動子

図A　水晶振動子の構造

4-6 パターンをはがしやすい多ピンIC
ホットエアー装置が必須

多ピンICになると，ホットエアー装置を使わないと外せません．取り外すICの数が少ない場合は，10-6節で紹介するような，低温はんだによるIC取り外しキットを使う方法もあります．

■ やってみよう！

ホットエアー装置のノズルの熱を他の部品に与えないように，マスキング・テープで基板を保護します．マスキング・テープは，3～5重に貼ります（**写真7①**）．

はんだ部にフラックスを塗布し，ピンセットでICをつかみ，ノズルをデバイスに沿って動かします（**図8**）．ピンセットも熱くなるので，保護手袋を着用します（**写真7②**）．

ピンセット先端の負荷を指先で感知します．はんだ部の溶融によりICが動く感じが分かります．静かにピンセットでICをはがしましょう（**写真7③**）．

はんだ付け部にフラックスを塗布し，はんだ吸い取り線でクリーニングします．吸い取り線を押し付ける力が強いと，未使用端子のパッドが簡単にはがれてしまいます．機能的には問題ないのでしょうが，見た目は悪くなります．

熱遮へいのためのマスキング・テープをはがし，パッドのはがれやはんだ飛散がないかを確認します（**写真7④**）．

今回利用したのは，ホットエアー装置のシングル・ノズルですが，ICのパッケージの形に合ったQFP IC用ノズルもあります．QFP IC用ノズルを使ったICの取り外しについては，10-1節で紹介しています．そちらもご覧ください．

■ バッチリ外すには…

要点1 初心者は捨ててもよい基板で十分に練習してから実作業に移行しましょう．

要点2 ノズルを直接ICに密着させないようにしましょう．5～10 mmは，クリアランスが必要です．

要点3 保護のためのマスキング・テープが黒色化（炭化）した場合は，加熱のしすぎかノズルの近づけ過ぎです．作業完了後に保護した部品の位置ずれがないことを確認しましょう．

〈山下 俊一〉

①マスキング・テープを用いて基板を保護

②エアーをICの端子とパッドに当てる

③ICがつるっと動くので，ピンセットで静かに持ち上げる

④パッドの状況や周辺部品のはんだの乗り具合を確認

写真7 多ピンICをホットエアー装置で外す

(a) 動かし方

(b) エアーを当てる位置

図8 ノズルを動かす方向

4-7 樹脂が溶けやすいコネクタ

温風の出るノズルを近づけすぎない，マスキング・テープで周辺部品を保護

　コネクタの取り外しにもホットエアー装置を使います．外し方はQFP ICと大差ありませんが，パッドとノズルの距離をQFP ICよりも長めにとります．QFP ICが5 mmだったのに対して，20 mmくらい離します．あまり近すぎるとコネクタのモールドが溶けて，周囲に焦げた匂いが拡散します．

■ やってみよう！

　ホットエアー装置からの熱をさえぎるためにマスキングを行います（**写真8**②）．

　ホットエアー装置にシングル・ノズルを取り付けます．

　はんだ付け部にフラックスを塗布し（**写真8**③），ピンセットでコネクタ本体の開口部をつかみ，加熱します（**写真8**④）．ノズルでは，コネクタ横の固定用端子を忘れずに加熱します．U字を描くように動かします（**写真8**⑤）．

　ピンセット先端の負荷を指先で確認し，静かにピンセットでコネクタを持ち上げます（**写真8**⑥）．

　はんだ付け部分にフラックスを塗布して，はんだ吸い取り線でクリーニングします．

　保護のマスキング・テープをはがし，パッドのはがれやはんだ飛散がないことを確認します（**写真8**⑦）．

＊　　　　＊

　コネクタ横のパッドにもはんだが乗っています．ここも温めましょう（**図9**）．

　コネクタのモールドは熱で変形するため，再利用できません． 〈山下　俊一〉

（初出：「トランジスタ技術」2011年11月号特集　第2章）

①作業にはシングル・ノズルを利用

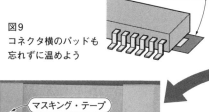

図9 コネクタ横のパッドも忘れずに温めよう

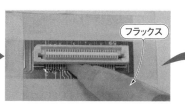

③フラックス塗布

②マスキング・テープを貼る

④はんだ付け部を加熱

⑤ノズルをU字に動かす

⑥ピンセットでコネクタを持ち上げる

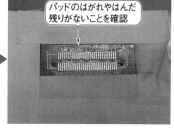

⑦はんだの飛散やパッドはがれがないことを確認

写真8 コネクタをホットエアー装置で外す

Appendix 2 積層セラミック・コンデンサは部品と基板を予熱しながらはんだ付けする

大塚善弘

積層セラミック・コンデンサをはんだ付けする場合は,部品と基板を予熱しながら作業することをお勧めします.

● 予熱が必要な理由1

一般的な構造を**図1**に示します.誘電体セラミックと内部電極を交互に積層し,基板とはんだで接続するための端子電極を設けています.

セラミックはもろい材料であり,サーマル・ショックに弱いという性質があります.クラックを発生させないために,部品を予熱しながらこて修正を行いましょう.

予熱できない場合は,ホットエアー装置を用いて熱風ではんだ付けを行いましょう.

● 予熱が必要な理由2

部品の強度評価方法として,耐プリント板曲げ性試験があります.これは基板をたわませ,部品に引張応力を与えて,どの程度耐えられるかを評価する試験です(JIS C 5101-1-1998適用).

基板面側の端子電極端部を起点としたクラック(**写真1**)が発生し,静電容量が異常値になったときの基板たわみ量を測定します.

手はんだ付けの際,基板温度が低いと耐プリント板曲げ性の低下につながります.**図2**のように,部品とともに基板を予熱すれば,耐プリント基板曲げ性を適正に保つことができます.

理由を説明します.はんだ付けの冷却過程において,はんだ,部品,基板が収縮します(**図3**).はんだや部品の収縮は,破壊起点である端子電極端部に引張応力として働くのに対して,基板の収縮は圧縮応力として働き,引張応力を緩和します.基板からの圧縮応力は,はんだ凝固開始時の基板温度によって決まります.

リフロの場合は全体が均一に加熱・冷却されるのに対し,こて修正は局所加熱であるため,はんだ凝固開始時の基板温度が低い(50～70℃)ため,引張応力を緩和する圧縮応力が小さくなり,リフロの場合よりも耐プリント基板曲げ強度が低下します.

*　　　　*　　　　*

手はんだ付けの推奨条件については,参考文献を参照してください.

◆参考文献◆

(1) JEITA電子機器用固定磁器コンデンサの安全アプリケーションガイド RCR-2335C,7.4.5項 はんだこてによるはんだ付け(表面実装形コンデンサの場合),p.47,㈳電子情報技術産業協会.

(2) JEITA電子機器用固定磁器コンデンサの安全アプリケーションガイド 追補1 RCR-2335C,7.4.7項 スポットヒーターによるはんだ付け部の修正(表面実装形コンデンサの場合),p.50～51,㈳電子情報技術産業協会.

◀写真1
機械的ストレスによって生じたクラック

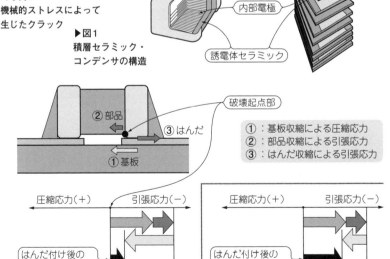

▶図1 積層セラミック・コンデンサの構造

図2 基板予熱温度と耐プリント基板曲げ性の関係

図3 なぜ予熱が足りないと基板曲げ性が劣るのか

第5章 修正は確実に！奇麗に！
プリント・パターンの切り貼り術

大西 修（文）／山下 孝一／山下 俊一（動画撮影協力）

試作用の基板ができあがってしまってから，配線のミスに気付くことがあります．ここでは電源ラインや信号ラインのプリント配線パターンを切り貼りして，その接続経路を変更するテクニックを紹介します．

5-1 細いプリント・パターンをカットする
ほかの配線パターンのない場所，ICの端子に近い場所を選ぶ

パターン・カットを行う際には，すぐそばにパターンのない，カットしやすい場所を選びましょう．数十MHz以上の信号を通す配線パターンの場合は，放射ノイズの影響をできるだけ小さくするために，半導体部品の端子に近い位置でカットします．

■ やってみよう！

プリント・パターンの2個所にナイフを入れます．1個所目をカットしてから（写真1①），2個所目をカットします（写真1②）．カットした一方の部分を，ナイフの刃先を使ってパターンをはがすように起こします（写真1③）．起こした配線パターンの端をピンセッ

①1個所目をカット

②2個所目をカット

③先端を使ってパターンを起こす

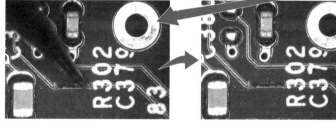
④ピンセットでつまむ　　⑤完了

写真1　カッターナイフで細いプリント・パターンをカットする手順

写真2　その気になれば太いプリント・パターンもカットできる

(a) 配線の2個所をナイフなどでカットする

(b) ソルダ・レジスト(緑)がある場合はナイフなどで削り取る

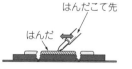

(c) 露出した銅配線にはんだを盛り，はんだこてで左右に擦る

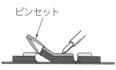

(d) 銅配線の接着力が弱まったところで，ピンセットで配線をはがす

図1　はんだこてでパターンをはがす手順

トでつまんではがします(**写真1**④).
　やや太めのプリント・パターンをカッターナイフでカットした例を**写真2**に示します.手順は細いプリント・パターンをカットするときと同じです.

● はんだこてを使ってプリント・パターンをはがす方法もある

　プリント基板の耐熱性を逆利用したパターンはく離法を紹介します(**図1**).ただし,耐熱保証温度をあえて超えさせているので,実験用に限って使えます.
① ナイフを使って配線パターンの2個所をカットします.手順は**写真1**①,②と同じです.
② 緑色のソルダ・レジストがある場合は,銅はくが出るまでソルダ・レジストをナイフで削り取りましょう.簡単に削れます.
③ はく離する銅はくにはんだこてを当てて,はんだを供給します.
④ しばらくはんだこてを当てた状態を維持し,少しこすると作業しやすくなります.この状態で,プリント基板の耐熱温度(260℃)をあえて超えさせます.
⑤ しばらくすると,ピンセットで簡単に銅はくをはく離できるようになるので,はがしてしまいましょう.

5-2　太いプリント・パターンをカットする
ルータの刃をゆっくり,慎重に動かす

　ハンド・ルータを使うカット方法は,太いプリント・パターンのカットに適しています.もちろん,細いプリント・パターンのカットにも問題なく使えます.

■ やってみよう!

　パターンの削り残しや基材の削りすぎがないように,慎重にカットしていきます(**写真3**①).カットくずを掃除して完了です(**写真3**②).プリント・パターンの削り残しや基材の削りすぎは見られません.

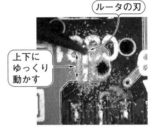

①カット中　　②カット後

写真3 ルータを用いて太いプリント・パターンをカットする手順

5-3　2点間をジャンパ線でつなぐ
コーナでは90°に曲げると奇麗に見える

　配線パターンを修正するとき,ワイヤ・ハーネスをジャンパ線にして,電極間をつながなければならないことがあります.ここでは,その方法を紹介します.
　配線用のワイヤ・ハーネスは単芯の被覆線を準備し

①ジャンパ線の位置を合わせる　　②フラックスを塗布　　③はんだ付け

④テープで固定　　⑤終端をはんだ付けして完了

写真4 2点間をジャンパでつなぐ手順

ましょう．ただし，絶縁の必要がないグラウンド・パターンを強化する場合には，被覆線を使わなくてもよい場合があります．

■ **やってみよう！**

先端の被覆をはがしたジャンパ線を準備し，はんだ付け部にピンセットで位置合わせします．ジャンパ線の先端に薄く予備はんだを施しておくと，作業がしやすいでしょう(**写真4**①)．

フラックスを塗布します(**写真4**②)．

はんだ付け部にはんだ付けします(**写真4**③)．ここでは，先にはんだこてにはんだを乗せて作業をします．フラックスの活性度が落ちないように，短時間で作業します．

はんだ付けが終わったら，ジャンパ線をテープで固定します(**写真4**④)．ピンセットを利用してジャンパ線を90°折り曲げ成形します．

ジャンパ線の成形とテープ止めを行ってから，終端の被覆をはがして位置決めをし，フラックスを塗布してからはんだ付けをして完成です(**写真4**⑤)．ここでも，ジャンパ線の先端に薄く予備はんだをしておくと，作業が行いやすくなります．

5-4 持ち上げたICの端子へジャンパ線を付ける
本当に困ったときだけ使う裏技

ICなどの半導体部品は，その端子を曲げることを前提に作られていません．従って，この方法は半導体部品の破壊や信頼性の低下につながることがあります．試作段階で，どうしても困ったときだけ自己の責任の元に行ってください．

■ **やってみよう！**

フラックスを塗布します(**写真5**①)．イモはんだやはんだブリッジが起こらないようにするためです．

はんだをはんだこてで溶かしながら，端子を起こします(**写真5**②)．

端子を外した後の部品パッドのはんだは，奇麗にならしておきましょう(**写真5**③)．

起こした端子にジャンパ線をはんだ付けします(**写真5**④)．配線コードは単芯の被覆線を使います．

はんだ付けした部分を絶縁して固定するため，エポキシ系の接着剤を塗布し，硬化させたら完成です(**写真5**⑤)．

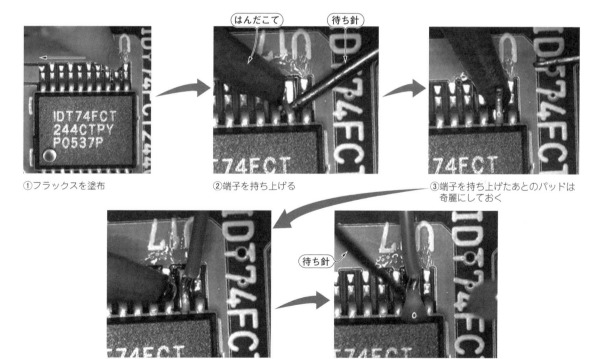

写真5 持ち上げたICの端子へジャンパ線を付ける

5-5 チップ抵抗1個ぶんのパッド上に2個のチップ抵抗を実装する1…並列接続
抵抗値を下げたりコンデンサ容量を大きくしたり

抵抗値を下げたり，静電容量を大きくしたりする場合，同じサイズのチップ部品を重ねて搭載します．

チップ抵抗の場合，この方法によって本来の2個並列ぶんの消費電力を許容することはできません．

■ やってみよう！

重ねて搭載する部品を準備します（写真6①）．電極にフラックスを塗布します．

搭載する部品を重ね，仮はんだ付けします（写真6②）．

仮はんだ付けした電極に，フラックスを塗布します（写真6③）．

はんだを奇麗に仕上げて完了です（写真6④）．

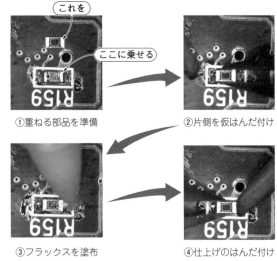

①重ねる部品を準備　②片側を仮はんだ付け
③フラックスを塗布　④仕上げのはんだ付け

写真6　チップ抵抗の並列接続

5-6 チップ抵抗1個ぶんのパッド上に2個のチップ抵抗を実装する2…直列接続
抵抗と直列にコンデンサを追加したいときに

部品搭載用の一組のパッド上に，2個の部品を直列に搭載する方法を紹介します．この方法で接続した部品は，基板の反りなどの応力に弱くなるので，品質を要求するものには使用できません．

チップ抵抗の場合，部品が基板から浮いてしまうため，許容される消費電力が，部品1個ぶんよりも劣る可能性があります．

■ やってみよう！

フラックスを塗布してから，搭載されていたチップ抵抗を，一度取り外します（写真7①）．

60°ほどチップ抵抗を立てて，片方の電極をはんだ付けします（写真7②）．

基板を180°回転させて，もう1個の部品を仮付けします（写真7③）．これで2個の部品がブリッジ状になりました．

電極とブリッジの頂点の計3点にフラックスを塗布してから，はんだ付けして仕上げます（写真7④）．

①既存の部品を外す　②60°ほど立ててはんだ付け
③もう1個も60°立ててはんだ付け　④完了

写真7　チップ抵抗の直列接続

図2　直列に接続する際の完成イメージ

5-7 取り付けパッドのない場所にコンデンサを追加する
パターンを保護しているレジストをナイフの刃先で丁寧に削る

ジャンパ線などで配線を追加したり，チップ部品を追加したりするときに，電極を設けたい場所にソルダ・レジスト（緑色）がコーティングされていて，はんだが付けられないことがあります．ここでは，チップ部品を追加する場合を例に，電極を作る方法を紹介します．

■ やってみよう！

電極を作る場所にナイフで線を描きます．サインペンでもかまいません（**写真8①**）．

かたどりした部分のソルダ・レジスト（緑色）を，ナイフの刃を使って削り取ります（**写真8②**）．

同じように，もう一方の電極部のレジストも削り取ります（**写真8③**）．奇麗に削りましょう．

フラックスを塗布してから，予備はんだをします（**写真8④**）．

レジストをはがした電極なので，予備はんだが奇麗に乗りにくいことがあります．はんだの量も多くなりがちです．はんだ吸い取り線を使用すると，少しは奇麗に仕上げることができます（**写真8⑤**）．

写真8⑦は，チップ部品を搭載して完成した例です．

①電極を作る位置に印を付ける　②レジストを削る　③2個所削った　④濡れをよくするため予備はんだ

⑤いったんはんだを取り除く　⑥ようやく部品を載せる準備ができた　⑦部品を載せて完了

写真8　レジストをはがしてコンデンサを追加する

削りすぎ，温めすぎ注意！ プリント基板　　　Column

プリント基板の基材は，ガラス繊維を編んで布のような形にしたものに，エポキシ樹脂を染み込ませたものです．この基材の片面または両面に銅はくを高温と高圧で圧着したものが銅張基板です．この銅張基板の銅はくを回路パターン化してから複数枚重ね，その間にプリプレグと言われる接着シートを挟み，高温と高圧で圧着したものが，いわゆるプリント基板の中の積層基板になります．

このことからも分かるように，プリント基板の耐熱性とは，主に基材を形作っているエポキシ樹脂の特性によるものです．

プリント基板の耐熱性は主に2種類あり，長期間の実使用耐熱は130℃以下で，はんだ付けに対する耐熱は260℃，60秒以下です．

積層基板に用いられる基材には，厚さが0.2 mmという非常に薄いものがあります．プリント・パターンをカットする際，削りすぎて下層のパターンまで削ったり，下層との絶縁不良を起こしたりしないように注意しましょう．

第3部 グッズ編 道具と使い方をマスタして楽々作業

第6章 こて，フラックス，吸い取り線，ピンセット

今どきのはんだ付けグッズ①
…ないと始まらない小道具

宮崎 充彦／上谷 孝司／長瀬 隆／武田 洋一／平井 惇

はんだ付けに必須の道具について，その種類と特徴を紹介します．特にはんだこては，製品(価格)によってこて先の熱回復特性に大きな違いがあり，作業効率もずいぶん変わります．たくさんあるこて先の形状についても紹介するので，用途に合った品を選び，確実にはんだ付けしましょう．

6-1 はんだこて
温度管理ができて熱回復に優れるステーション・タイプが主流

■ ステーション・タイプ

はんだこては，熱を発生するためのヒータ部［**写真1(a)**］，熱をはんだ付け部に供給するこて先部［**写真1(c)**］，手で持つためのグリップ部，電気を供給する電源コードから構成されます．

● 温度調整機能を持ち熱回復特性に優れる

ステーション・タイプ(**写真1**)は，ヒータからの漏れ電圧によって電子部品が破壊されないように，1次側(ACコンセント)と2次側(こて内部回路)の絶縁性がよくなっています(**図1**)．

具体的には，ACコンセント⇔はんだ付け対象の基板の絶縁をよくするため，ヒータがトランスによって電源から絶縁されています［**写真1(b)**］．2次側には，

(a) 全景

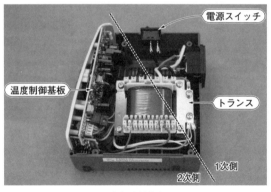

(b) 内部構造

(c) こて部

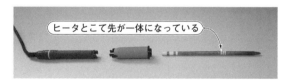

(d) (c)を分解するとこうなる

写真1 ステーション・タイプのはんだこて(1)
白光のFX-951．ヒータとこて先が一体になっているタイプ．熱回復特性に優れる．

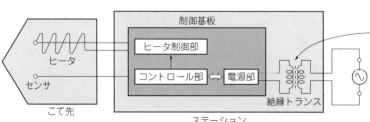

図1 トランスによってACコンセント側から絶縁されているステーション・タイプ

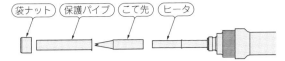

図2 こて先交換タイプの構造

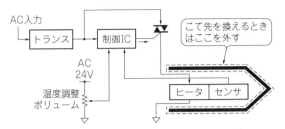

図3 ステーション・タイプ(こて先交換型)の電気回路のブロック図

こて先温度を一定にするために,センサでヒータをコントロールする制御基板が搭載されています.

ステーション・タイプのはんだこてには,次の2種類があります.

● こて先交換型

構造を図2に,電気的なブロック図を図3に,外観を写真2に示します.セラミック・ヒータと近傍の温度センサの出力が設定温度と比較して高いか低いかを判断し,ヒータをON/OFFすることで,常に要求温度を保持します.

例えば350℃で設定した場合,立ち上がりの室温から350℃に到達するまでの間は連続通電の状態にあり,急速に温度は上昇します.

そのうえ,セラミック・ヒータは温度が低いほど抵抗値が低いので,大きな電力(高い熱供給力)により一気に立ち上がります.設定温度に達するとセンサが感知し,通電を遮断しOFFの状態となります.そして,はんだ付け作業により熱が奪われて温度が降下すると,再びセンサが感知して通電スイッチをONにし,設定温度まで素早く回復します.

セラミック・ヒータを使用したステーション・タイプは,こて先をヒータから分離できる機種が多く,こて先のランニング・コストを抑えることができます.しかし,こて先の外径の大きさや,熱回復特性には限界があります.

(a) 全景

(b) こて先

(c) (b)を分解するとこうなる

写真2 ステーション・タイプのはんだこて(2)
白光のFX-888.温度調節機能付き.こて先だけを交換できる(ヒータは本体側)ので,写真1よりも熱回復特性は劣るものの安価.

● ヒータ&こて先一体型

外観を写真1に示します.ヒータ&こて先一体型は,こて先とヒータ,センサをセラミックで一体化したこて先を採用しています(図4).

特徴は,次のとおりです.

- こて先とヒータ,センサの一体化により立ち上がり,応答性,熱回復特性がよい(図5)
- 小型

内部ブロック図を図6に示します.従来の温度制御によるはんだこてはON/OFFによる2値制御ですが,CPUを用いることでフィードバックされた情報を分析し,適切な出力を予測演算しています.

2 ニクロム・ヒータ・タイプ

ニクロム・ヒータ(写真3)は昔から使われ,コスト面において優れています.こての外観を写真4に,構造を図7に示します.絶縁物としてマイカを使い,ニクロム線の太さや長さを変えることで抵抗値を変え,

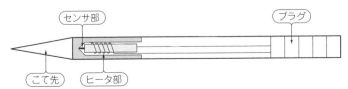

図4 ヒータとセンサ,こて先が一つになっている一体型はんだこて

写真3 ニクロム・ヒータ
安価なタイプで昔から使われている.絶縁物としてマイカを使い,ニクロム線の太さや長さを変えることで抵抗値を変えている.

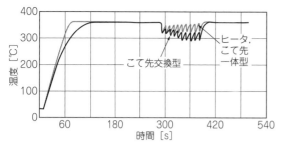

図5 ヒーター体型の方がこて先交換型よりも熱回復特性に優れる

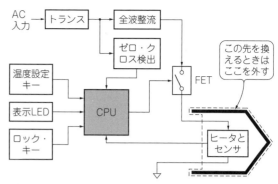

図6 ステーション・タイプ（ヒーター体型）の電気回路のブロック図
CPUがヒータ温度を管理しながらこて先に電力を供給しているため熱回復特性に優れる．

任意の出力ワット数を得ています．高価な設備がなくても量産できることは，メーカにとって大きな長所です．しかし，絶縁が悪い，寿命が短い，小型化が難しいなどの欠点も多く，現在では主にホビーや板金のはんだ付けなどに使われています．

3 セラミック・ヒータ・タイプ

セラミック・ヒータ（写真5）は，アルミナ・セラミックのシートに発熱体（タングステン系の金属）をプリントし，さらにもう一層，アルミナ・セラミックのコーティングを施したうえで棒状に丸め，一体焼結して作られています．

セラミック・ヒータ・タイプは，ニクロム・ヒータの弱点である絶縁性，寿命などが改善されています．外観を写真6に，構造を図8に示します．

セラミック・ヒータは温度の変化によって抵抗値が

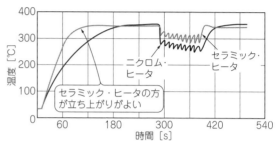

図9 セラミック・ヒータとニクロム・ヒータの温まり方を比較

変化するので，温度が低いときは流れる電流が大きくなり，こて先の温度がニクロム・ヒータより早く使用できる温度に上昇します（図9）．

〈宮崎 充彦〉

写真4 ニクロム・ヒータを使ったこて
白光のRED…安価だがACコンセントとの絶縁が悪い，寿命が短い，小型化が難しいなどの欠点もある．

写真5 セラミック・ヒータ
アルミナ・セラミックのシートに発熱体をプリント．さらにもう一層，アルミナ・セラミックのコーティングを施したうえで棒状に丸めて一体焼結したもの．

写真6 セラミック・ヒータを使ったこて
白光のマッハⅠ…購入時にこて温度を選ぶ．300℃，370℃，420℃の品がある．

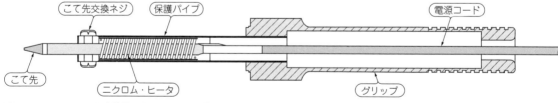

図7 ニクロム・ヒータを使用したはんだこての構造

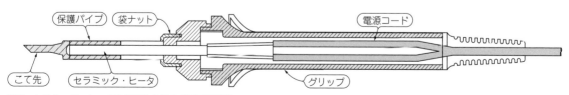

図8 セラミック・ヒータを使用したはんだこての構造

6-2 こて先
部品形状に合わせて選ぶ

● こて先の素材には熱伝導の良い純銅を使っている

図10に，こて先の構造を示します．こて先の役割は，ヒータから供給される熱を蓄積して，はんだ付け対象物やはんだに供給することです．

こて先の素材には，熱伝導が良く，蓄熱量の大きい純銅を使います．銅ははんだとのなじみがよいのですが，はんだに浸食されやすいことと高温で酸化しやすいことから，100μ～500μmの厚さで鉄めっきが施されています．

● こて先の浸食を防ぐ鉄めっき

こて先に鉄めっきを施していないと，すぐにはんだに浸食されてこて先の形状が崩れてしまい，はんだ付けができなくなります．

鉄めっきは，はんだと良好な濡れ性を保ちつつ，その浸食を抑える重要な役割をしているのです．

● 酸化防止とはんだ付け性のためにはんだめっきを施す

こて先の先端作業部分には，鉄めっきの酸化防止と常に良好なはんだ付け性を得るため，はんだめっきが施されています．こて先の先端作業部分が常に良好なはんだ付け性を保つことは，よいはんだ付けを行ううえでとても重要です．はんだこてのこて先に付着した

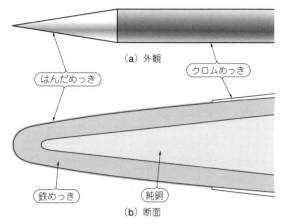

図10 こて先は純銅を鉄でめっきしている

溶融はんだが熱の媒体となり，熱がはんだ付け対象物にうまく伝わってはんだ付けができるのです．

● こて先の選択

こて先の選択で重要なことは，はんだ付け対象物にこて先の接触面積が大きくなるような形状を選び，こて先の熱を効率良く対象物に伝えることです．次頁の表1に，こて先の形状と用途を示します．図11に寸法例を示します．

〈宮崎 充彦〉

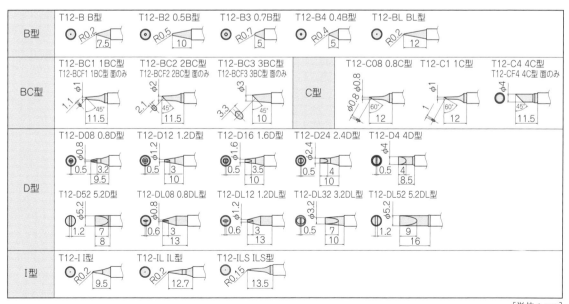

図11 寸法例（白光）
同じ型でも目的に応じて多くの品がある．

［単位：mm］

表1 こて先の種類と用途

こて先だけを買うこともできる．

こて先の形状		特　徴	一般的な使用例
B型		形状に方向性がないため，大きな面から小さな面まで幅広く対応できる	汎用性が高く，挿入部品のはんだ付けから表面実装部品のはんだ付けまで，幅広く使用されている
C/BC型		面の大きさを端子の太さやパターンの広さに合わせて選ぶことができる	0.5～2C型は表面実装部品のはんだ付け，修正などに使用されている． 3～5C型は太い端子，アース部，電源部などパターンが広く熱量が必要とされる部分に使用されている
CF/BCF型		面のみにはんだが乗るようにしている	はんだの量をコントロールしやすい． はんだ量の管理が必要なときに使用される
CM/BCM型		面の部分に窪み加工をしているので，その部分にはんだを溜めることができる	はんだをためておくことで，引きはんだに効果を発揮する． QFPなどの多ピンICのブリッジ不良のとき，窪み部分にはんだを吸収できるため修正しやすい
D型		面の大きさは，端子の太さやパターンの広さに合わせて選ぶことができる．立てて使用することもできる	C型と同様に，面で当てやすいので熱を伝えやすい．熱容量の必要な多様なはんだ付けで使用されている．立てて使用すると線で当てることができるため，シールド・ケースなどのはんだ付けでも使用できる
I型		B型の先端を細くしている	狭い部分や細かい作業が必要とされる場所に使用できる． 表面実装部品の取り付けや修正などに使われている
K型		横にすると面ができ，立てると線で使用できる	複数のリードにこて先を当て，引きはんだとして使用することが多い． 点，線，面で当てることができオールラウンドに使える
J型		先端を立てれば点が，寝かせれば面ができるので幅広い用途がある	表面実装部品の取り付け，修正などに使われている． 周辺に背の高い部品があり，はんだごてを寝かすことができないときにも使える
スパチュラ型		複数のピン，リードに1回の作業で対応できる	フレキシブル基板の熱圧着，コネクタの抜き取りなどに使える
トンネル型		複数のピン，リードに1回の作業で対応できる	SOPの取り外しなどに使用されている
クワッド型		複数のピン，リードに1回の作業で対応できる	QFPの取り外しなどに使用されている

6-3 フラックス
はんだの乗りを防げる酸化膜を除去してくれる

はんだ付けにおいて，フラックス(**写真7**)は重要な働きをしています．フラックスなしではんだ付けはできません．その大きな役割は，次の三つです．

(1) 被はんだ付け部の酸化膜を化学的に除去します(**図12**)

(2) 正常にはんだ付けされた面を覆い，再酸化を防止します(**図13**)

(3) 溶融したはんだの表面張力を低下させ，流動性をよくします(**図14**)

＊

通常，糸はんだにはあらかじめフラックスが含まれているのでフラックスを追加する必要はありません．しかし，基板修正時やブリッジしやすいIC端子のはんだ付けの際には，事前に液体状のフラックスを塗布します．

● 種類と特徴

市販されているはんだ付け用のフラックスを一覧表にまとめました(**表2**)．フラックスにはたくさんの種類があります．用途に合ったものを使用しないと思わぬトラブルになることもあります．

▶ロジン系フラックス

ロジン系フラックスは，フラックスの主成分である松やに(ロジン)に，はんだ付け性を高めるために活性剤と添加剤を加え，アルコールで溶かしたものです．

手作業によるはんだ付けを前提とし，急速加熱や高い温度域での使用に耐えるよう調整されています．

鉛フリーはんだに対応しているフラックスもあります．

▶ロジン系フラックス，ハロゲン・フリー

最近は環境への関心の高まりから，ハロゲンの入っていないフラックスも市販されています．

ハロゲンとは，フッ素，塩素，臭素，ヨウ素などのことで，フラックスに活性剤として添加されています．ハロゲンは焼却時にダイオキシンを発生する危険性があるといわれています．

電子部品のはんだ付けに使用する場合は，銅板腐食試験，絶縁抵抗試験，電圧印加耐湿試験などの信頼性試験をクリアしたフラックスを使いましょう．

▶板金用固形フラックス

固形フラックスは，ワセリンに塩化亜鉛などの活性

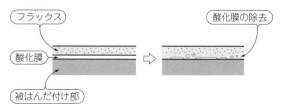

図12 フラックスははんだの乗りを妨げる酸化膜を除去してくれる

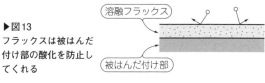

▶図13 フラックスは被はんだ付け部の酸化を防止してくれる

図14 フラックスは溶融したはんだの表面張力を低下させ，流動性をよくする

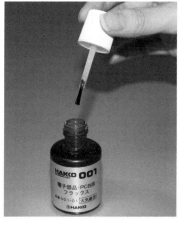

写真7
フラックスの外観
白光の001．

表2 フラックスいろいろ

種類	ロジン系フラックス	ロジン系フラックス ハロゲン・フリー	固形フラックス ペースト	水溶性フラックス サスゾール
用途	電子・電気部品用．鉛フリー対応	電子・電気部品用	板金用(銅，ブリキ，真鍮など)	ステンレス，鉄用
特徴	一般的なフラックスで種類も多い	はんだ付け性は劣るが環境にやさしい	濡れ性，はんだ付け性は良好．腐食性あり	濡れ性，はんだ付け性は良好．腐食性あり

剤を添加したもので，板金などに使用します．優れたはんだ付け性がありますが，腐食性が強いため電子部品のはんだ付けには使用できません．

▶ステンレスや鉄用サスゾール

サスゾールは塩化亜鉛，塩化アンモニウムを主成分とした水溶性フラックスで，活性力が強くステンレスにも使用できます．金属やステンレスの表面の酸化膜を取り除くことができます．電子部品のはんだ付けには使用できません．

● 使用方法

フラックスの小瓶には塗付用の小筆が付いているので，それを使って最小限の量を塗布します．精密さを要求する個所に塗布する場合は，筆付きのフラックス・ペンを使用すると便利です．フラックスが余分に付いたときは，フラックス・リムーバやアルコールで洗浄する必要があります．

〈上谷 孝司〉

6-4 はんだ吸い取り線
部品交換時の必須ツール，パターンや熱容量に合った線幅の品を選ぶ

● 毛細管現象ではんだを吸う

写真8に外観を示します．はんだ吸い取り線は，写真9のように直径60μ～100μmの銅細線を組紐状に編み，フラックスに含侵しプレスしたものです．溶けたはんだは銅網線のすき間に，毛細管現象によって吸い上がります．

● 種類と特徴

含侵させるフラックスは，R，RMA，RAに分類され，R→RMA→RAの順に活性力が強くなります．アンフラックス品は全くフラックスを含まないもので，それぞれの会社で決められたフラックスを使用します．

線幅は0.6mm～5mmまであり，使用するランドの大きさ，熱容量に適したものを選びます．はんだ吸い取り線は簡単に使用できるように思いがちですが，取り扱いを誤ると基板のパターンはく離や部品の損傷などが発生します．

● 使用方法

こて先の熱を，吸い取り線を通して十分にはんだに伝えます．はんだ付け部に合った線幅の吸い取り線を選び，よく熱の伝わる平型のこて先を使用しましょう．こての温度は330～370℃に設定します．

まず，修正するはんだの上に吸い取り線を置きます．こて先をはんだで濡らし，基板と平行に軽く当てて加熱し，徐々に吸い取り線を動かしながらはんだを除去します（写真10）．

● 間違った使い方

パターンの太さに合った線幅とこて先を選ぶことが大事です．こて先が小さいと吸い取り線およびはんだに十分な熱が伝わらず，無理をして力を加えるとパターンがはく離します．

〈長瀬 隆〉

写真8 はんだ吸い取り線
白光のWICKシリーズ．太さやフラックス含有量で選択できる．

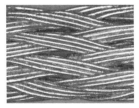

写真9
吸い取り線は銅線を編んだもの

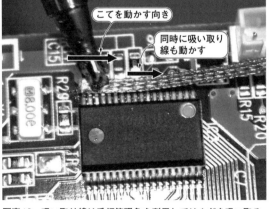

写真10 吸い取り線は毛細管現象を利用してはんだを吸い取る

6-5 ピンセット
小さな部品も確実にキャッチしてくれる

ピンセットと呼んでいますが，英語ではtweezersで，pincetはオランダ語のようです．蘭方医学が入ってきて外科的な処置が多くなり，ピンセットという言葉が定着したのではないでしょうか．

● どのような種類があるのか

部品屋さんに行くと，たくさんのピンセット（**写真11**）が並んでいます．工具メーカのホームページを見ても，いろいろな形状や材質のものがあり，選ぶのに迷います．しかも，値段が安いものから数千円するものまで，とにかくたくさんあります．

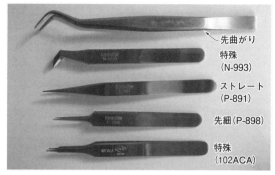

写真11 ピンセットのいろいろ
一番下のピンセット以外はホーザン製．

● 形状による違い
▶ストレート型
部品を斜め上からつかみます．一般的な形状です．
▶先曲がり型
ストレート型よりも部品を横や斜めからつかめます．
▶先細型
ストレート型と同じですが，先端が細くなっているので部品が見やすくなっています．
▶特殊型
普通，ピンセットの先端はとがっていますが，対象物に合わせて形状を工夫したものです．

● 材質の違い
▶ステンレス
SUS304材を使ったものは，一般的で価格も比較的安価です．SUS316やSUS420を使ったものは，しなりや精度が良いです．
▶チタン
ステンレス製に比べ軽量のうえ，剛性も高いことが特徴です．錆びずに長持ちしますが，やや高価です．
▶セラミック
絶縁性があり，非磁性でもあります．はんだが付着しません．

▶その他
竹やエンジニアリング・プラスチックを使った品があります．使用環境や対象物に合わせて使用されているようです．

● ユニークなピンセット
▶ハンマ・ヘッド
スイスのErem社のSMDピンセット102ACAは，先端が0.5 mm×1.5 mmのハンマ・ヘッドのような独特の形状をしています（**写真12**）．先端に45°の角度が付いています．先端がとがっていないので，部品を飛ばす恐れがありません．1005サイズでも立てれば全体をつかめます．
▶カッティング・ピンセット
ピンセットの先端を刃物にしたもので，細い線をカットするように作られています（**写真13**）．基板上で入り組んだジャンパ線をカットするには，ニッパよりも便利です．
▶バキューム・ピンセット
真空圧を利用したもので，対象物を吸着させて運びます（**写真14**）．ICパッケージやレンズなどの部品に適しています．　　　　　　　　　　　　　〈武田 洋一〉

写真12 チップ抵抗をつまむのに適したハンマ・ヘッド
スイスのErem社のSMDピンセット102ACA．

▶写真13
ジャンパ線をカットするときに使うカッティング・ピンセット
ホーザンのN-993．

写真14 小さなICを付着させて傷まないように運べるバキューム・ピック
ホーザンのP-831．

6-6 用途別にいろいろあるこての種類
用途の違いは熱復帰の良さや静電気対策の違い，あり／なしで値段も異なる

はんだこては，電気を熱に変えてはんだ付けをする道具です．はんだ付けを行う対象物によって，いろいろな種類があります．小さくても多くの熱が必要な部品，電気的に壊れやすい部品，高い温度で壊れる部品，大きくて大量に熱が必要な部品などがあります．

これらの用途に合わせて，**表3**のような種類があります．

〈平井 惇〉

（初出：「トランジスタ技術」2011年11月号特集 第5章ほか）

表3 はんだこては目的別に異なる機能を持つ

用　途	こての種類	外観例
チップ部品やQFPなど，小型で静電気や熱に弱い部品を実装するとき	温度制御の付いた熱復帰のよいヒータとこて先が一体となったこて．さらに静電気対策が施してある．ヒータを低電圧（24 V）で加熱する	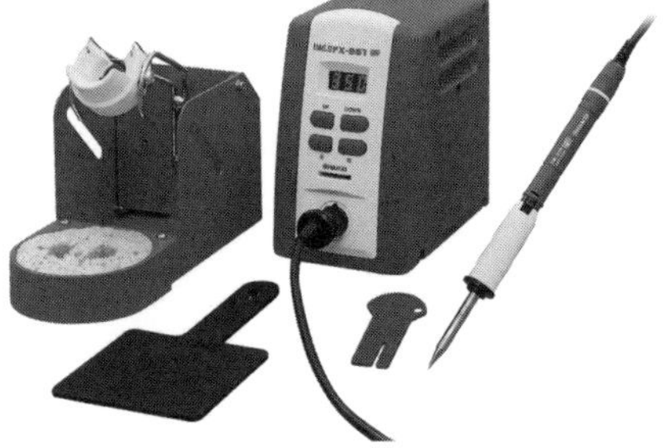
コネクタなど，熱に弱い部品を実装するとき	ディジタル値でこて先の温度を表示できる温度制御付きのこて	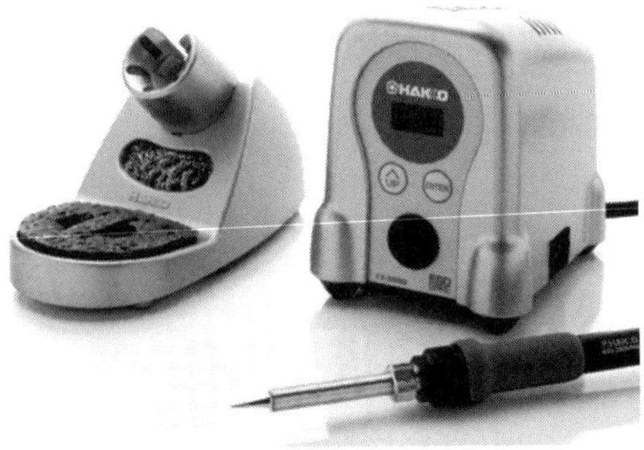
電線，トランスなど，電気的に壊れにくく，温度制御が必要なとき	温度制御機能付きで，1次側と2次側を絶縁するトランスを内蔵していないこて	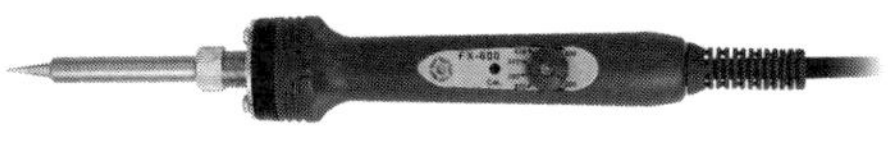
ホビー目的．1,000円程度と安価な品もある	ニクロム線ヒータを使用したこて	
板金など，大量に熱が必要なとき	ニクロム線ヒータを使用した入力電力の大きいこて	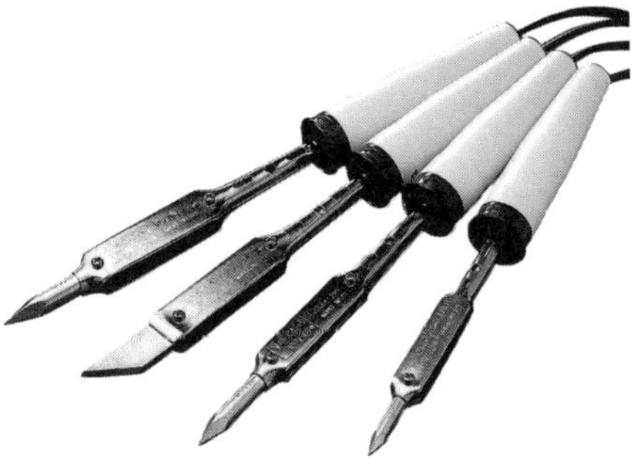

第7章 今どきのはんだ付けグッズ② …メーカ・オリジナルのユニーク・ツール

こて先クリーナ，有害ガス吸煙器，顕微鏡，手袋，クリームはんだキット

上谷 孝司／武田 洋一／宮崎 充彦

はんだ付けするときに準備したいツールについて紹介します．①はんだ付け時に発生するフラックスのヒュームを吸煙する吸煙器と作業用の手袋，②ルーペや顕微鏡，③N_2発生装置など予算に合わせて選びましょう．

7-1 こて先クリーナ
酸化してはんだが付かなくなった先端部をよみがらせる

● こて先が酸化するとはんだ付けができない

はんだこてのこて先は，内部のヒータで発生した熱を部品に伝えます．その際に，こて先の表面が黒くなって酸化した状態では，はんだ付けを行うことができません（写真1）．次のような条件下では，こて先が酸化しやすくなります．

- 鉛フリーはんだを使っているとき
- 高温はんだ（融点が270〜300℃）など，特殊なはんだを使っているとき
- こて先の設定温度が高いとき
- 活性度の低いフラックスを使っているか，フラックスを使っていないとき
- はんだ吸い取り線ではんだを除去しているとき
- 間欠的な作業をしているとき

活性度の低いフラックスを使っているときにこて先が酸化しやすいのは，フラックスが被はんだ付け部のはんだの酸化皮膜を除去すると同時にこて先の酸化皮膜も除去しているからです．フラックスを使用しないと，こて先はすぐに酸化してしまいます．

● こて先を酸化させないようにするには

はんだ吸い取り線ではんだを除去しているときにこて先が酸化しやすいのは，こて先を保護している溶融はんだをはんだ吸い取り線が吸い取ってしまい，こて先素地の鉄が露出してしまうからです．はんだ付けをしているとき以外は，こて先が常に溶融したはんだで覆われていることが，こて先の酸化防止の秘訣です．

間欠的な作業をしているときは，こて先が高温で放置される時間が長いので，特にこて先が酸化しやすくなります．面倒でも，こて台に置く前にこて先にはんだを塗ると，こて先はいつも良好なはんだ濡れ性を保ちます．

ステーション・タイプのはんだこてなら，スリープ機能やオートシャットオフ機能によって自動的に酸化を防いでくれます．

こて先のメンテナンスを十分に行ってもこて先が酸化し，はんだが濡れなくなったときは，次のような方法でクリーニングします．

（a）酸化したこて先

（b）酸化していないこて先

写真1　酸化したこて先
(a)のような状態では，はんだ付けができない．

（a）こて先をクリーニング・ワイヤに差し込む

（b）こて先にはんだを乗せる

写真2　こて先のクリーニング方法1…酸化の程度が軽いとき

写真3 こて先のクリーニング方法2…クリーニング方法1で酸化膜がとれないとき
ペースト状クリーナを使ってこて先の酸化膜を除去する.白光のFS-100.

写真4 クリーニング・スポンジ
こて先に付いたはんだを全て落としてしまう.

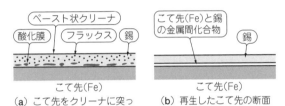

(a) こて先をクリーナに突っ込んだとき　　(b) 再生したこて先の断面

図1 ペースト状クリーナが酸化膜を除去できる理由

● クリーニング方法1…クリーニング・ワイヤ

　クリーニング・ワイヤ[写真2(a)]は,黄銅のワイヤにフラックスを染み込ませたものです.クリーニング・ワイヤにこて先を差し込み,ワイヤへ酸化膜をこすり付けます.そのあと,250℃くらいの低い温度で糸はんだをこて先に供給します[写真2(b)].この作業を何度か繰り返すと,比較的軽度の酸化物や汚れは除去できます.

● クリーニング方法2…ペースト状クリーナ

　クリーニング・ワイヤと糸はんだ(写真2の方法)でこて先のはんだ濡れ性が復帰しない場合は,膜厚の厚い強固な酸化物や汚れが生成されていると考えられます.糸はんだに含まれているフラックスよりもさらに活性の強いものが必要になります.

　ペースト状クリーナは,錫微粒子とフラックスの混合物です.酸化によって濡れ性がなくなったこて先を,再度,錫でコーティングして,初期状態に復帰させます(写真3,図1).

　一般的なペースト状クリーナは,リン酸アンモニウムまたは臭素系有機ハロゲン化合物を主成分としています.そのため,残渣によるプリント基板の腐食に注意が必要です.基板にフラックス成分が残留することは望ましくないため,使用した後はこて先をクリーニ

▶写真5
こて先のクリーニング方法3…ワイヤ・ブラシが回転することで,しつこい酸化膜を除去する
こて先ポリッシャ,白光のFT-700.

ング・スポンジなどで十分にクリーニング(写真4)してから,はんだ付けを行います.

▶使ってみよう！
①ペースト状クリーナに加熱したこて先を数回入れる(写真3)
②クリーニング・スポンジを使ってこて先のはんだをぬぐい,フラックス成分を除去する(写真4)
③こて先に糸はんだを融かし[写真2(b)],再度,スポンジではんだをぬぐう

● クリーニング方法3…機械式クリーナ

　ペースト状クリーナを使うと,いったんはこて先が奇麗になります.ところが,すぐに黒くなることがあります.このようなときは,こて先を覆っている酸化膜の上にはんだがめっきされている可能性があります.

　この場合,ワイヤ・ブラシが回転して酸化膜を除去する「こて先ポリッシャ」を利用し,こて先の酸化膜を取り除いてからはんだめっきを施します.

▶使用方法

　こて先ポリッシャの回転ブラシに2〜3秒,こて先を当てて酸化膜を除去します(写真5).このときこて先の温度が高いと酸化します.こて先温度は,250℃くらいが適温です.

　酸化膜を除去したこて先は,ペースト状クリーナを使用し,すぐにはんだめっきをします.こて先ポリッシャがないときは,1000番程度のサンドペーパーを使用します.

〈上谷 孝司〉

7-2 有害ガス吸煙器
鉛やホルムアルデヒドを吸わないように

はんだ付け作業中は，はんだとフラックスの煙が空中に飛散します．発生した煙は，はんだからは鉛のヒューム，フラックスからはピネンやホルムアルデヒド，微量の塩化水素などが発生し，人体に悪影響を与えると言われています．作業中は必ず換気をします．

● 卓上型

写真6の装置は作業台の上に設置し，はんだ付けの際に発生する煙を吸引します．ファンの前に活性炭を含侵したスポンジ状フィルタを取り付け，比較的大きな粒子とにおいを除去し，煙を後ろから排出する構造です．

作業状況により，縦向きまたは横向きに置くことができます．また，作業スペースが狭く置く場所がないときや，上から吸引したいときには，アームを取り付ければ任意の位置に設置できます．

写真7の吸煙器の吸引パイプは，グリップの直径が16 mm以下のはんだこてに取り付けられます．作業者の手元で煙を吸ってくれます．電源は不要で，工場エアー（生産ラインなどで使われる圧縮された空気）を利用して負圧を発生させ，煙を吸引します．本体内に3種類のフィルタを設置し，においと有害な粒子を除去します．

写真6　卓上型吸煙器1
はんだ付けする基板の近くに置くタイプ．白光のFA-400．

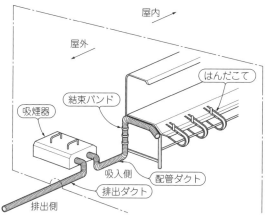

図2　外部排気型吸煙器の設置方法

▶**写真8**
外部排気型吸煙器
製造ライン用．白光の494．

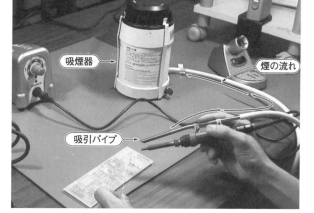

(a) 全景

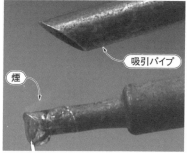

(b) こて先

写真7　卓上型吸煙器2
こて先近くに吸引パイプを取り付けるタイプ．工場エアーが必要．白光の490．

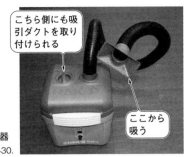

写真9
自浄型吸煙器
白光のFA-430.

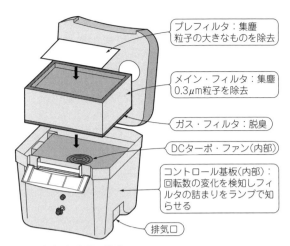

図3　自浄型吸煙器の構造

● 外部排気型

　外部排気型吸煙器(**写真8**)は，こてに吸引パイプを取り付けて吸引ダクトに接続します．吸引ダクトには，10本までのこてを接続できます．**図2**のように，配管ダクトを本体に取り付け，ファンで吸引した煙を屋外へ排出します．

● 自浄型

　自浄型吸煙器(**写真9**)は，本体内に吸引用のファンと高吸塵性能のフィルタを内蔵し，0.3μmの粒子を99.97％処理する能力があります．また，においを除去するために活性炭を使っています．吸引ダクトが2本付くようになっており，複数グループに別れてはんだ付けを行うときに利用できます．

　自浄型の内部構造を**図3**に示します．ターボ・ファンをDCモータで駆動して吸引力を発生し，吸引口から煙を吸い込みます．プレフィルタで大きめの粒子を吸着し，次にメイン・フィルタで0.3μmの粒子を吸着します．メイン・フィルタ内の活性炭でにおいを吸着し，排気口から排出します．

　モータの回転数は，コントロール基板で制御します．フィルタが詰まり吸引力が悪くなったときに，ランプが点灯する機能もあります． 〈上谷　孝司〉

DIP ICの足の曲がり具合を整えてくれる「ピンそろった」　　　Column

　DIP ICはチューブから出したとき，2列の足の幅が広がっていて，幅を調整しないとICソケットや基板にうまく入りません．このようなときに活躍するのが，サンハヤトの「IC ピンそろった ICS-01」です．

　ICの足の曲がり具合を均一に加工できるので，工具箱に一つ備えておくと便利です．

● 使い方

　ICを中央部にある2本の溝に入れ，両側から握ると足が一直線になります(**写真A**)．静電気対策用のネジが付いているので，必要に応じて接続してください．IC端子のピッチを矯正できないのが残念です．

〈武田　洋一〉

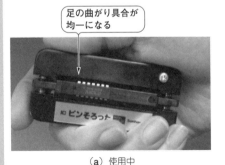

(a) 使用中

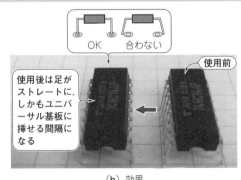

(b) 効果

写真A　DIP ICの足曲げ具合がそろう「ピンそろった」
使用前の状態では，足が斜めになっており，ユニバーサル基板に挿さらない．

7-3 ルーペと顕微鏡
ブリッジや未はんだ,パターン切れがハッキリ見える

● 100円で買える虫眼鏡

　手軽に買えるのは,小学生のころに使った凸レンズによる虫眼鏡でしょう(**写真10**).プラスチック・レンズのものは数百円で購入できるし,引き出しの奥に使わなくなったものがあるかもしれません.

　部品実装用としても照明付きやスタンド付きなど,多種多様な製品があります.倍率が高くなると収差が出てきて見にくくなります.手で持って使うのなら,口径が大きくて軽いものがよいでしょう.

　筆者が使っているのは子供のお下がりで,惜しむことなく気軽に使っています.端子間距離が1〜1.27 mm程度のICのはんだ付けに使うのであれば,十分でしょう.

● 10倍程度に拡大できるルーペ

　高倍率品は視野を広く確保し,収差を補正するために複数のレンズを組み合わせて構成されています.そのため技術的にも高度で,価格も高価になります.

　はんだ付けの状態を確認する際は,1個所だけを見るというよりも,左右や端子全部のフィレットの状態を観察したいので,なるべく一度に広い範囲を見られるルーペを使うと便利です.

　手ごろなのはカメラ・ショップで売られているルーペです(**写真11**).カールツァイス,ニコン,PEAKなど,名だたる光学メーカから発売されています.

　これらは,元はカメラのフィルムの傷や大判カメラのピント合わせに使うものですから,光学的品質は十分です.0.65〜0.5 mmピッチのIC端子を観察するには,10〜15倍の倍率をもつ品が使いやすいでしょう.

　筆者はPEAK(東海産業扱い)のNo.1983(倍率10倍)を使っています.ピントがルーペの底部で合うので,はんだ付け部分を見たいときには透明なチューブを外しています.また,スケールが付いているので,基板のエッチングやレジスト,穴径などの寸法を測ることもできます.

　倍率可変品として,PEAKからNo.2044が発売されています.8倍から16倍まで変えられるので便利です.ただし,24,000円と高価です.古い1眼レフのカメラをお持ちの方は,明るい標準レンズが意外とよく見えます.ルーペ全般にいえることですが,照明機能がないので,明るいところで観察しないとよく見えません.レンズは減衰器ですから.

● 立体的に見える顕微鏡

　小さなものを拡大する道具の代表は,やはり顕微鏡です.顕微鏡と言えば精密で高価なものというイメージが付きものですが,輸入物で安価な顕微鏡が多く出回っています.はんだ付けの観察ですから低倍率でよく,そのため機構的にもシンプルに収まります.また,双眼で観察するため,立体的に見えるのが特徴です.

　写真12は松電舎のAFN-405Wです.総合倍率7〜30倍,焦点距離97 mmの顕微鏡です.支柱を自由に調整できて懐が深いので,大きな基板でも観察できます.これにLEDリング照明を付けることも可能です.

　この顕微鏡で観察してみると,明るく立体的によく見えます.はんだ付けのフィレットは丸みを帯びているのでハレーションする個所がありますが,そのときは手元のコントローラで照度を調整します.観察対象からレンズまでの距離が約10 cmあるので,顕微鏡下でのはんだ付け作業もできます.

　顕微鏡を上手に使うコツは,見る人に合わせて眼の幅や視度補正環を調整することです.眼の幅は視野が一つに見えるように調整します.視度は右目だけで見てピントを合わせ,今度は左目だけで見て補正環を調整します.目の前に大きく立体的な世界が広がることでしょう.

〈武田 洋一〉

写真10　一番手軽な拡大グッズは虫眼鏡
せいぜい2〜3倍.それ以上拡大しようとするとひずむ.

写真11　カメラ・ショップで売られているルーペ
PEAKの1983と2044(右).

写真12　明るく立体的に見える顕微鏡
はんだ付け作業もできる.松電舎AFN-405Wにリング照明GR10-Nを付けたもの.

7-4 手袋
やけどやけがから守ってくれる

手袋といえば，冬の防寒用，軍手，ゴルフ・グローブ，洗い物に使うゴム手袋などを思い浮かべます．はんだ付けに手袋が必要でしょうか．

手袋は相互を絶縁するもので，手を守る保護用品であり，また，扱うものに手の影響を与えないという道具ですから，はんだ付け作業などに活用する場面はとても多いのです．

● はんだは触らないほうがいい

人体に影響のあるはんだやフラックスに触らないようにするのが手袋の主目的です．また，はんだ付け作業，特に手はんだ作業は高熱個所に近く，やけどの危険性がつきまといます．はんだこてを触ってしまい，やけどをした経験はどなたもお持ちだと思います．皮膚の深くまで焼けてしまうと治りにくく，後々まで痛いので，面倒がらずに手袋を着用したいものです．自分の体を守るのは自分ですから，手袋の着用を習慣にしましょう．

● 目的に合ったものを選び，作業性をアップ

ホームセンタの手袋コーナに行ってみましょう．素材や加工方法の違いから，たくさんの品があります．手袋をすると作業がしにくく，面倒くさいというのはどうも古いようです．細い糸を使ったもの，ゴム・コーティングで滑りにくいもの，摩擦に強い皮革を用いたもの，軽作業用から重量物を扱うときのものなど，用途に合わせて選べばトータルの作業性が向上します．

例えば，Vカットしてあるガラス・エポキシの基板を折ってやすりで仕上げるとき，基板の繊維が指に刺さることがあります．こんなときに手袋をしていれば被害はありませんし，手が汚れることもありません．

ボール盤で穴を開けるときや刃物を取り換えるときも油で汚れないため，次の作業にもすんなり進めます．

ただし，ルータやドリル加工の際に軍手を使ってはいけません．糸が巻き付いてけがをします．このようなときは皮革製のものを使いましょう．皮革製のものはしばらくの間，独特のにおいがしますが，使っている間に少なくなってきます．機械作業用の手袋は，絶縁性を確保していないものが多いので，高電圧作業の場合は対応品を選んでください．

● 一長一短，手袋あれこれ

写真13は，筆者が使っている手袋です．

①はラテックス製，1箱100枚入りのものです．はんだに触らないという意味では手堅いのですが蒸れます．

②は細い糸で編んであって蒸れません．ウレタン・ゴムが薄くコーティングしてあります．細かい作業に向き，携帯電話も操作できます．

③はなじみのある綿の手袋です．細かい隙間がたくさんあるので，はんだに触れてしまいます．付けないよりは，はるかにマシです．やけどは防げますね．

④は手のひら部分が豚革のものです．穴あけや金属板加工に使っています．

〈武田 洋一〉

**写真13
目的に合った手袋を選ぼう**
はんだ付けの際には，細い糸で編んであってウレタン・ゴムをコーティングしてある②がお勧め．

7-5 位置合わせ用接着剤とクリームはんだのセット
多ピンICを正しい位置に取り付ける

最近は部品の小型化が進み、はんだ付けする個所も小さくなったため、正確な位置合わせが重要です。また、端子が小さくなって使用するはんだの量も少なくなりました。

サンハヤトの表面実装部品取り付けキットSMX-21（写真14）には、位置合わせ用に硬化時間が長めの接着剤と、シリンジに充填したクリームはんだが入っています。このキットには品質保持期限があり、冷蔵保管する必要があります。

● 多ピンICの位置決め用接着剤

このキットに入っている「遅硬化型接着剤」は、白色のペースト状です。キットではラミネート加工された袋に乾燥剤と一緒に入っています。空気中の水分で硬化するシリコーン樹脂で、一液性のRTVゴムのようです。キャップをしないで放置するとシリンジ内部で固まってしまうので、ラミネート袋に戻して保管しましょう。

はんだ付け後に接着剤を洗浄したり、接着剤にコーティング剤を塗布したりする際には材料同士の相性があるので、確認が必要です。

シリコーン・ゴムで、耐熱温度が200℃ですので、例えばリフロ炉やはんだ槽の中で基板全体が高温になるときには使えません。

● 個人でもクリームはんだが手に入る

特殊クリームはんだは、クリームはんだを手はんだ用に調整したものです。本キットは、はんだに直接触れずに作業できるのが利点だと思います。実装業者が使っているクリームはんだは、メタルマスクで使うことを前提としているため使用条件が厳しく、試作や実験で使用するには管理が面倒です。また、購入もボトル単位なので試作や実験用では使用期限をすぐに過ぎてしまうでしょう。

特殊クリームはんだの組成と融点を表1に示します。含まれているフラックスは、RA（Rosin Activated）タイプでハロゲンを含有しています。フラックスの残渣

表1 特殊はんだの組成と融点

はんだの種類 項目	一般タイプ (SMX-21)	鉛フリー・タイプ (SMX-51)
合金組成	錫63%、鉛37%	錫96.5%、銀3%、銅0.5%
はんだ量	5 g	5 g
融点	183℃	216～220℃
粒度	20～45 μm	
粉形	球状	
フラックス含有量	10.5 wt%	12 wt%
ハロゲン含有量	0.12 wt%	

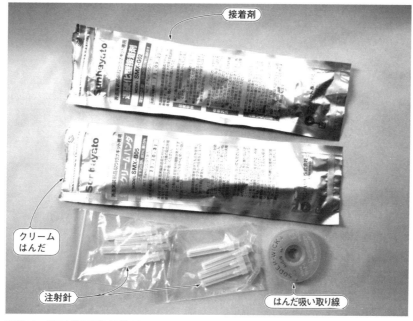

写真14 表面実装部品取り付けキット SMX-21（サンハヤト）

が気になるときは，洗浄したほうがよいでしょう．

やってみよう！

手順1 接着剤を塗布

遅硬化型接着剤と特殊クリームはんだは，常温に戻してから使います．接着剤にピンク色のノズル（太くて長い）を取り付け，実装する個所に塗布します．使用量は，部品が大きいときは米粒，小さいときはゴマ粒くらいです（**写真15①**）．チップ抵抗やコンデンサには塗布しません．

部品を載せ，接着剤が固まる前に位置を合わせます（**写真15②**）．固まるまで10～30分間ほど余裕があるので，ゆっくり作業してきちんと位置を合わせてください．

手順2 はんだを塗布

接着剤が固まったらはんだを塗布します（**写真15③**）．シリンジに緑色のノズル（細くて短い）を取り付け，端子の先端にクリームはんだで線を引くように塗布します．塗布するとき，ピストンを手が震えるくらいに力いっぱい押し出さないと，クリームはんだが出ません．ノズルは必ずねじ込んでください．差し込んだだけでは，ノズルが飛んでいくかもしれませんから気を付けてください．

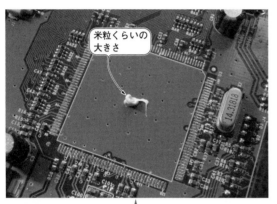

① 接着剤を塗布

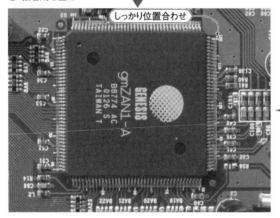

② 時間をかけて位置を固定

③ クリームはんだを塗布

④ はんだ付け後

⑤ 仕上げ後

写真15 位置合わせ用接着剤とクリームはんだのセットを使って多ピンICのはんだ付けに挑戦

手順3 はんだ付け

端子全部に塗布が終わったら，はんだ付けします（**写真15④**）．塗布したクリームはんだを，なぞるようにゆっくり動かすと奇麗にできます．こて先の温度が高いと，フラックス成分が急激に膨張して飛び散ります．そのとき，はんだボールも飛び散るのでトラブルの原因になりますから，適温・適当な加温が必要です．はんだ付けが終わったら，フィレット形状を確認して実装終了です．

はんだの量が多いときは，液体フラックスとはんだ吸い取り線を使って取り除きます．

● 作業は両手で

接着剤もクリームはんだも，ピストンを押すときに手が震えるくらい力が要るので，両手で作業して不必要な場所に塗布しないように気を付けてください．

最近は，直径0.3 mm程度の細い糸はんだ（ホーザンのH-712，GootのSE-06003RMAなど）が入手できます．0.3 mmとは，QFPパッケージのICの端子と同程度の太さですから，はんだの量を柔軟にコントロールできます．

糸はんだには品質保持期限はなく，冷蔵保管も不要です．クリームはんだを使うことのメリットもあるでしょうから，使い分けるとよいと思います．

今回，取り付けキットを使ってみましたが，ピン数が多い場合は，取り付けキットのほうが早く作業ができるように感じました．

今回は，取り外しキットを使って外したICと基板の組み合わせで再度，ICを取り付けてみました．0.65 mmピッチのICでしたが，すんなりと取り付けができました．ただICの端子が少し曲がってしまったので，ピンセットで矯正しました．端子の数が多いので，ちょっと大変でした．このような場合には，QFP ICの矯正治具が欲しいと思いました．

〈武田 洋一〉

7-6 パッドの予熱と酸化防止機能を持つN_2ガス発生器
鉛フリーはんだの濡れを良くする

鉛フリー化に伴ってはんだが酸化しやすくなり，また，融点も上がりはんだ付けが難しくなりました．**写真16**のN_2装置は，こての先端から温められたN_2（窒素）ガスを噴出します．N_2ガスは基板への予熱，はんだ付け部の酸化防止の効果があり，結果として濡れ性がよくなります．熱容量が大きく十分な加熱が必要な多層基板，ブリッジなどが発生しやすい微小パターンなどに使用すれば効果があります．

● N_2ガス発生装置

N_2ガスは空気中に78%含まれており，化学的に不活性で，ほかの物質の酸化を防止できます．

写真16(a) 右の本体内部に空気中の窒素と酸素を分離する装置があります．入り口から工場エアーを入れると，出口からN_2ガスを取り出すことができます．濃度99.9%のN_2ガスを発生させることができます．

● 流量調整装置

写真16(a) 左上の流量調整装置は，N_2ガスを止めたり流量を調整したりします．はんだ付けには，通常1～1.5 ℓ/minの流量を使用します．

● はんだこて

いろいろなはんだこてに取り付け可能です．はんだ付け部の熱容量，形状に最適なはんだこてを選定することができます．

〈宮崎 充彦〉

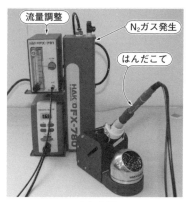

(a) 外観

(b) こて先

写真16 予熱と酸化防止効果があるN_2ガスを吐き出すはんだこて

7-7 片手が自由になる糸はんだ供給器
こて先に供給するはんだの位置合わせが肝

写真17のように，はんだごてにはんだ送り機構を追加しました．こて先に送るはんだの量を設定できるので，はんだの量が安定し，はんだ付けの回数管理も可能になります．片手が自由になるので，作業効率が上がります．

〈宮崎 充彦〉

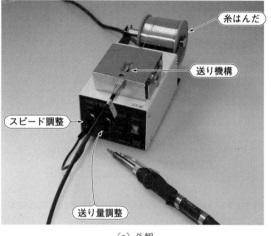

（a）外観

写真17 片手が自由に使える糸はんだ供給器
白光の373．

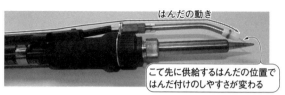

（b）こて先

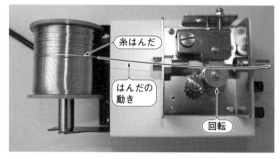

（c）送り機構

安価な手動式はんだ吸い取り器「はんだシュッ太郎」 Column

基板から部品を取り外したいときがあります．特に，スルーホール基板に実装されたDIP部品は，なかなか外れにくいものです．このとき，ポンプ式の吸い取り器が効果的です．サンハヤトから発売されている「はんだシュッ太郎」は，ヒータとポンプが一体になっているツールの中では安価なものになります（写真B）．

● 使い方

こて先を十分に熱したらピストンをロックするまで押し下げておきます．はんだを除去したい個所に先端を押し当て，はんだが十分に溶けたら，白い押しボタンを押します．するとピストンのロックが外れてはんだが吸い取られます．

リード線を先端の穴に入れ，先端が円を描くように動かすと，はんだ全体が溶けます．ボタンを押すときは，基板に垂直に押し当てるとエア一漏れがなく吸い取れます．はんだが残ってしまったときは，もう一度作業しますが，そのときは少しはんだを盛ってからの方が吸い取りやすいでしょう．

吸い取りが悪くなったら，ポンプ内のはんだカスを取り出し，先端の穴を付属の針金で掃除します．

片面基板やパッド形状によっては，加熱しすぎてパッドがはがれることがあります．また，静電気に弱い部品を扱うときは，アース線を接続してください．アース端子はありますが，アース線がありませんので別途の用意する必要があります．

〈武田 洋一〉

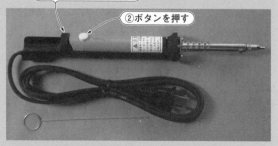

写真B 手動式吸い取り器とはんだごてが一体になった「はんだシュッ太郎」（サンハヤト）

部品のリード線をスタイリングできる「リードベンダ」 Column

リードベンダ（写真C）は，アキシャル・タイプの部品（ダイオードや抵抗など）のリード線をフォーミング加工できるツールです．基板に寝かせて実装するときも，立てて取り付けるときも，同じ形に加工できます．

● 使い方

▶アーチ型に曲げる

リードベンダ本体横にあるリブの溝に部品のリード線を入れ，指で曲げます（写真D）．溝のところに寸法が書いてあるので参考にしましょう．縦型にフォーミングするときは，端の突起に引っ掛けて曲げます．

▶部品を基板から浮かすキンクを作る

発熱する部品は，基板から浮かせたいときがあります．そのときは，平らな面の溝にリード線を入れて，付属の棒を穴に差し込んで強くこじってキンク加工をします（写真E）．浮かせる高さは，部品との距離で調整します．

▶トランジスタのリード線を加工する

トランジスタなどに用いられているTO-92パッケージの加工方法を説明します．リードベンダ先端近くの台形の短辺側に部品を置き，指で押さえます．リード線を指で広げてから，やはり棒を差し込んでこじります（写真F）．リード線が広がり，基板に入れて裏返したときに落ちないようになっています．

基板上の部品が同じように，きちんと加工されていると，手はんだ品でも量産基板のように見えます．

〈武田 洋一〉

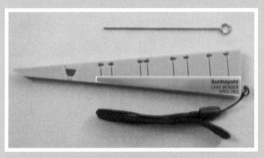

写真C　抵抗やダイオードの足をスタイリングできる「リードベンダ」（サンハヤト）

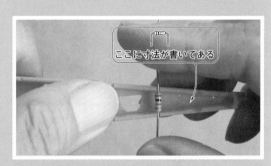

写真D　抵抗をアーチ型に足曲げ

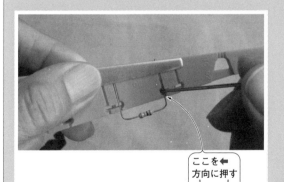

写真E　キンクを付けるように足曲げする

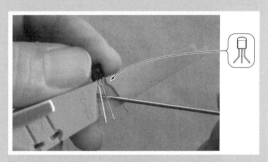

写真F　トランジスタの足を曲げる

（初出：「トランジスタ技術」2011年11月号特集　第6章）

第8章 部品配置から足曲げ挿入,配線まで試してみたいとき,すぐに作れる

ユニバーサル基板で回路づくり

浮森 秀一

変換基板,集合(アレイ)部品や汎用材料(アルミ箔テープ)を使用し,「ブリッジはんだ」等の技法を用いて「ベタ」も実現してみます.簡単で高品質なユニバーサル基板を製作します.

(a) ICB-93SG　　2.54mmピッチ

表と裏にパターンを引ける

(b) ICB-93SGH-PbF　鉛フリー

写真1　一般的なユニバーサル基板の外観

写真1に示すユニバーサル(Universal)基板は,「蛇の目基板」とも呼ばれ,規則的なパターンの銅はく(パッド)と穴(ホール)で構成されています.特定の回路や部品を実装するように設計された「カスタム基板」と相対するものです.なるべく多くの人に,さまざまな用途でユニバーサル(共通,快適)に利用できるように用意された基板です.

電源パターン

GNDパターン

写真2　電源/GNDパターンが引かれているユニバーサル基板

ユニバーサル基板の基礎知識

● 穴のピッチは2.54 mm

ユニバーサル基板のパターンは,これまでその時代によく使用された部品によって変化してきました.現在の主流は2.54 mm(100 mil)間隔で,格子状に穴が設けられたものです.

この格子状の穴は,直径1 mm程度のものが一般的です.これはDIP ICが実装できるように,その直径およびピッチに合わせたものです.

写真1以外のユニバーサル基板として,異なるピッチで穴が設けられた品,電源パターンが引かれている品(写真2),特定のコネクタ用のパッドが設けられた品(写真3)などがあります.

ここでは,「2.54 mmピッチの格子状穴とパッドだけ」で構成された基板を,ユニバーサル基板として紹介したいと思います.

表面実装部品(SOP,QFP)やコネクタ(DSUBなど),スルーホール部品でも異なるピッチ[1.27 mm(50 mil),1.778 mm(70 mil)など]のデバイス実装時に使用する「ピッチ変換基板」(写真4)などは,ここ

写真3 特定のコネクタ用の穴が設けられたユニバーサル基板

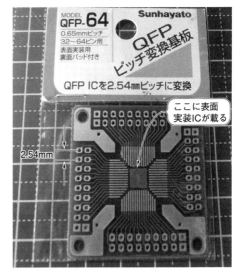

写真4 ユニバーサル基板に表面実装ICを載せるためのピッチ変換基板

で紹介する2.54 mmピッチ格子状の「ユニバーサル基板」に変換されるものが一般的です．このため2.54 mmピッチ格子状の基板をユニバーサル基板と呼んで問題ないと思います．

● 種類は多数ある

2.54 mmピッチ格子状のユニバーサル基板は，厚みやサイズのほか，材質，片面/両面，両面の場合にはスルーホールのあり/なしなど，多くの製品があります．これらのうち，実際に市販されている小型の一般的なユニバーサル基板について，2種類紹介します．
▶ICB-93SG［写真1(a)，サンハヤト］
　サイズ72×95 mm，片面，ノンスルーホール，1.2 mm厚，ガラス・コンポジット．
▶ICB-93SGH-PbF［写真1(b)，サンハヤト］
　サイズ72×95 mm，両面，スルーホール，1.6 mm厚，ガラス・エポキシ（FR-4）．

● サイズが少し大きめの品を選んでおく

ユニバーサル基板のサイズは，これから作ろうとする回路規模や構成で決めます．ケース・サイズなどの制約がなければ，高価になりますが基板は少し大きめの品を選定するとよいでしょう．大きめのほうが製作しやすいほか，将来的な回路追加や修正作業が容易になります．

ユニバーサル基板の厚みは，1.6 mmが一般的です．ただし，片面基板の場合は1.2 mmが多いようです．

● 材質はガラス系が強くてお勧め

写真1に示した2種類の基板の材質は，ガラス・コンポジットあるいはガラス系材料（FR-4）ですので，ほかの材料と比べて機械的な強度に優れています．

ユニバーサル基板の材質としては，ガラス系の材料が一般的です．一昔前なら茶色い「紙フェノール基板」の価格が安かったのですが，ガラス系材料（FR-4）の価格が下がってきたので，紙フェノールにこだわる理由は少なくなってきています．

ガラス系材料は，紙フェノールに比べて機械的な強度に優れているほか，吸水性，周波数特性，寸法精度なども良好です．ガラス・エポキシ基板よりも特性のよい「テフロン基板（周波数特性に優れる）」や「アルミナ基板（温度特性に優れる）」などが，ユニバーサル基板として販売されている事例はまだ少ないようです．

● 片面基板を使う人が多い

ユニバーサル基板では，片面基板が多く使われています．しかし，現在，製品に搭載されるプリント基板では，片面基板はほとんど使用されていません．それどころか，両面基板を含め4層，8層などの多層基板が多く使われています．片面基板と両面基板との価格差も小さくなってきているので，ユニバーサル基板においても両面基板を選択するものと思われがちですが，ユニバーサル基板の場合，片面基板のほうが両面基板よりも多く使用される理由があります．その理由については「配線のはんだ付け」で説明します．

次に，片面のユニバーサル基板を使って，簡単なマイコン書き込み基板を製作してみたいと思います．

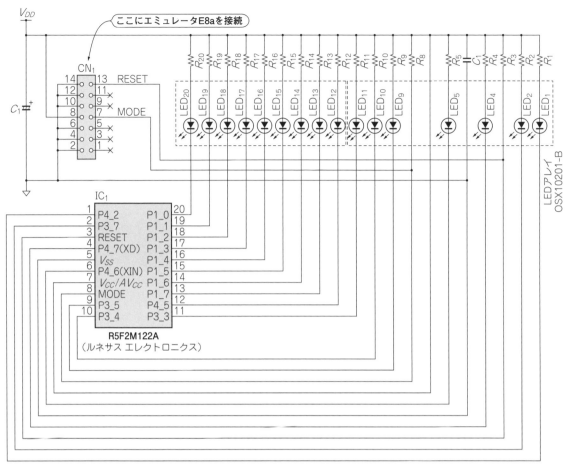

図1 ユニバーサル基板上に組み立てる回路

ステップ1 部品配置

● マイコン書き込み用回路を例に

まずは部品を配置します．取り上げるのは，図1に示す簡単なマイコン書き込み用の回路です．使用するマイコンは，R8C/M12Aマイコン（ルネサス エレクトロニクス）です．パッケージはDIPで，リセット回路や発振回路も内蔵されており，使いやすい部品です．

このマイコンは，秋月電子通商でも入手可能です．書き込みおよび動作にはルネサス エレクトロニクスのエミュレータE8a（本章に直接関係ない）を使用します．E8aを使用すると，電源もここから供給できます．

E8aを使用したオンボード書き込みは便利ですが，DIP-ICを抜き差しして，たくさん書き込みたい場合もあるので，写真5に示すZIFソケットを使ってDIPマイコンをストレスなく抜き差しできるようにします．

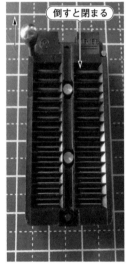

写真5
DIP-ICを抜き差しできる
ZIFソケット

● 使いやすさを考慮して配置する

部品配置は，使いやすさを優先して検討します（図2）．このため，マイコンを挿入するZIFソケットを，

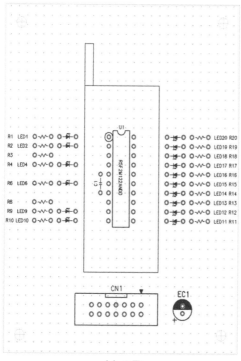

(a) 配置　　　　　　　　　　　　　　　　(b) 配線できるか当たりを付ける

図2　部品配置は使いやすさを優先して検討する
ただし，数十MHzを超える信号は短くしたい．

写真6　マイコンのデバッガを接続するためのコネクタ

写真7　LEDアレイOSX10201-B（OptoSupply）

レバーを上にして基板中央にレイアウトしています．マイコン用のZIFソケットを中央にレイアウトすれば，四角のキリ穴（ノン・スルーホール）で基板をバランスよく固定できます．

マイコン・デバッガE8aが接続されるコネクタ（**写真6**）は，レバー操作の邪魔にならないように，基板の下側にレイアウトします．このE8aは電源の供給も兼ねているので，電解コンデンサはこのコネクタの近傍にレイアウトしています．

R8C/M12Aマイコンは，書き込み時にも外部発振子は不要です．この基板で簡単な動作確認ができるように，マイコンの全部のI/OピンにLEDを付けています．LEDの点数が多かったので，**写真7**に示すLEDアレイ2個で代用しています．

LEDアレイも含めて，これらの部品は全て2.54 mmピッチで設計されているため，2.54 mm間隔のユニバーサル基板にそのまま実装できます．

ステップ2　配線を検討

● まずは電源とグラウンドを引く

パターン設計では，グラウンドと電源をしっかり通すことがポイントです．まず，グラウンドのパターンを検討します（**図3**）．次に，電源のパターンを検討します（**図4**）．これでグラウンドと電源のパターンをしっかり通すことができます．

筆者は，配線の検討に手持ちのパソコン・ソフトを使いました．実際には，

1. サインペンで基板に下書き
2. 回路図を基板に貼り付ける
3. 信号線の流れを意識しながら部品を仮どめし，具体的な配線は後から考える

など，個人個人で工夫をしているようです．

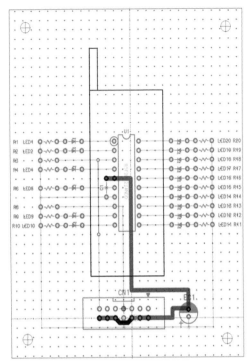

図3　グラウンド・パターンは重要，最初に太く設けておく

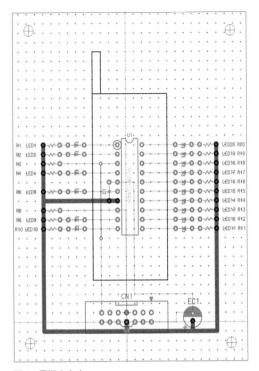

図4　電源も太く

● 信号はできるだけ短く，はんだ面で

そのほかの信号パターンを検討していきます．なるべく短い距離で，できる限りはんだ面で引けるように工夫します．必要に応じて部品配置を変更してもかまいません．

CADの部品情報では，マイコンが300 mil幅のDIPパッケージになっています．しかし実際には，ZIFソケット（TEXTOOLの互換品）を使用するので，そのソケット・サイズを図示しています．

はんだ面でパターンが交差してしまう場合は，部品面のジャンパによって対応します．今回は2個所，ジャンパ線を部品面に通しています（**図5**）．

部品面はジャンパ線を用いてパターンを引きます．もし，両面基板を使用する場合は，皮膜付きのリード線でパターンを引かなければなりません．

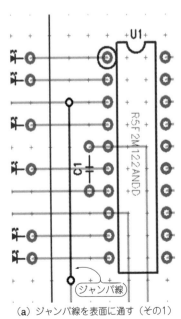

(a) ジャンパ線を表面に通す（その1）

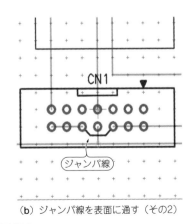

(b) ジャンパ線を表面に通す（その2）

図5　配線が難しいところは表面でジャンパ線を通す

ステップ3　部品のはんだ付け

● 部品にストレスを加えない

次に，部品をはんだ付けします．ICやソケット，コネクタなど，端子間距離が2.54 mmの部品はそのまま実装します．ピン（足）にできる限りストレス（応力）をかけないようにします．

リード線の長い，抵抗などのディスクリート部品については，あらかじめリード線を適切な長さに切っておくとよいでしょう．こうしておくと基板穴へ部品を挿入しやすくなります．

部品のリード線を切断せずに挿入する場合には，リード線と基板穴のこすれが生じないようスムーズに入れましょう．基板穴とリード線がこすれると，リード線のめっきがはがれて飛び散り，ショートなど基板の動作不良の原因になることがあります．

ピン（足）を曲げる場合は，部品自体にストレスがかからないように注意して曲げます（写真8）．図6のように基板穴のエッジを利用したり，先の細くなったリード・ペンチを利用したりします．今回，足の曲げ加工には，先端の形状がフラットなリード・ペンチを使っています．これにはエンジニアのミニチュア・リード・ペンチPS-04（写真9）などがあります．

ここで，一部の部品のリード線ははんだ付けをせず，そのまま残しておきます（写真10）．のちほど配線のはんだ付けを行う際に，このリード線を配線として利用したいからです．

● はんだ付けの手順

① 基板のパッドと部品のリードが同時に加熱されるよう，こて先を当てる（写真11）．
② フィレット（図7）が形成されるように，はんだ付けする．

写真8
ピン（足）を曲げる場合は，部品自体にストレスがかからないように

図6　基板穴のエッジを利用して足曲げ

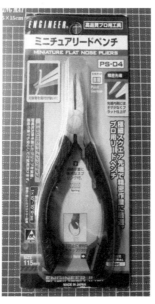

写真9
精密作業に向くミニチュア・リード・ペンチPS-04

写真10　一部の部品のリード線は，はんだ付けをせず，そのまま残しておく

写真11 基板のパッドと部品のリードを同時に加熱するようにこて先を当てる

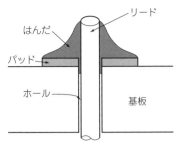

図7 はんだは富士山型に

ステップ4　配線のはんだ付け

　配線作業では，片面基板と両面基板で大きな違いが生まれてきます．両面基板が優れている点は，パッドが「スルーホール」(**図8**)で形成されていることです．
　スルーホールで作られたパッドは機械的な強度が高く，基板のパッドをはんだこてで加熱させすぎた場合でも，**図9**のように部品面とはんだ面のパッドがスルーホールでリベットのように接続されているので，片面基板のパッドに比べてパッドが基板からはがれにくくなっています．実際，ユニバーサル基板を使ってはんだ付けを行ったときに，この利点によって助けられたことがあります．
　逆に，スルーホールがユニバーサル基板上にあるために，パターン上の制約を受けることもあります．
　通常，両面基板は部品面とはんだ面でパターンがそれぞれ独立に引けます．しかし，スルーホールが全面に存在する両面ユニバーサル基板の場合，部品面とはんだ面がスルーホールによって導通しているため，基板の部品面とはんだ面でそれぞれ独立にパターンを引くことができなくなってしまいます．あくまで基板上のパターンは1面しかないと考えて，皮膜のあるリード線などを使って，基板面とは別にパターンを引く必要があります．
　このためなのか，スルーホール化されていない両面基板も存在します．このような両面基板を使用すると，部品面とはんだ面で独立してパターンを引くことが可能です．ただし，パッドの強度は片面基板と同じになるので，熱の与えすぎには注意が必要です．

● 配線方法1…ブリッジはんだ

　はんだ不良である「はんだブリッジ」を積極的に利用したものを「ブリッジはんだ」と呼びます(**写真12**)．既にはんだ付けされているピンの間に，はんだを挿入して行います．はんだの粘性を利用し，ピン間にはんだを垂らすようにはんだ付けします．

● 配線方法2…不要なリード線を利用してパターンを引く

　ICピンのリードを曲げて，隣接するパッドにはんだ付けします(**写真13**)．曲げ加工の際に，基板の穴を利用して部品へのストレスを軽減します．今回の例では，LEDアレイのリード線を利用して抵抗まで配線しています．
　切り取ったディスクリート部品のリード線を利用する方法もあります．はんだ付けの際に熱くなるので，ピンセットを用いて固定しています．今回の例では，

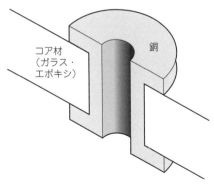

図8 基板の表と裏をつなぐスルーホール

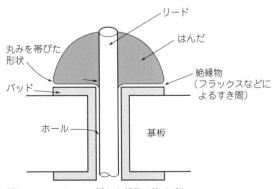

図9 スルーホールに挿した部品は抜けづらい

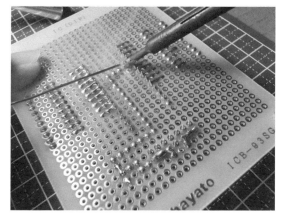

(a) 1個ずつ

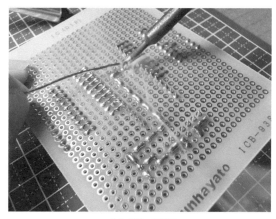

(b) 1個→2個に

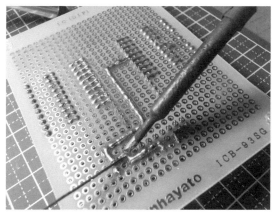

(c) 全てつなぐ

写真12 ブリッジはんだの手順

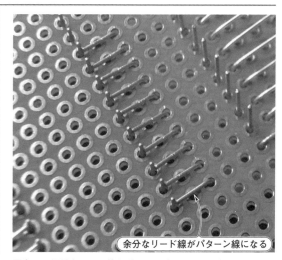

余分なリード線がパターン線になる

写真13 不要なリード線を利用してパターンを引く

LEDアレイとZIFソケット間に利用しています．

また，配線パターンそのものを短くする工夫も必要です．マイコンのパスコンであるC_1を，ZIFソケットの裏面に実装しています．パスコンは，デバイスのグラウンドや電源ピンの近傍が望ましいので，このように実装しています．このような工夫により，ユニバーサル基板でちょっとした回路を実現できます．

● 配線方法3…アルミ・テープを使ってパターンを引く

グラウンドや電源などのパターンは，多層基板の場合は内層など広い面積の「べたパターン」が用いられます．ユニバーサル基板を使用した回路の場合，べたパターンの作成は困難なのですが，金属テープを使用すれば，ある程度のべたパターンの作成が可能です．

手元にアルミ・テープがあったので，電源パターンをこれで引いてみます．

① 金属テープを貼る

既に部品が存在している部分も含めて，アルミ・テープを貼ります［**写真14(a)**］．

② 金属テープをカットする

金属テープを適切なパターンとなるようにカットします［**写真14(b)**］．普通のカッターナイフで簡単にカットできます．

③ パッドとはんだで接合する

金属テープでパターンを引くパッドについて，はんだで接合します［**写真14(c)**］．ブリッジはんだと組み合わせています．

④ 接合部分にスポットはんだをする

今回，金属テープはつながっていましたが，金属テープ同士が分割されている場合は，スポット溶接の要領で金属テープ同士をはんだ付けします．EMC対策用などの特殊なものなら，のり面も導通するテープもありますが，一般の安価なものは，通常の「のり面」には導通がないでしょう．このため，表面をスポット状にはんだ付けをします．これで金属テープによるべたパターンができあがります．

ステップ4　配線のはんだ付け

(a) まずは全体にペタッと

(b) 不要な部分はカット

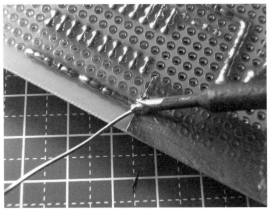

(c) グラウンド・パターンとアルミ・テープとをはんだ付け

写真14 アルミ・テープを使ってグラウンド・パターンを引く

⑤ 金属テープでパターンを引いてできあがり

　必要なパターンは，部品リード線の工夫と，金属テープ，「ブリッジはんだ」によって引くことができました．

写真15 図1の回路がユニバーサル基板上で完成

● 最終的なパターン（写真15）
▶「ブリッジはんだ」なら修正も容易

　ミスがいくつかあり，パターンの修正を行いました．先の写真のパターンといくつか違うところがあります．芯線がないブリッジはんだで配線しているので，パターンの削除が簡単でした．

　最後は，マイコンに適当なプログラムを書き込んで動作させてみました．ブルーのLEDが奇麗でした．

*　　　　*

　筆者は，本章に関する追加情報やEMC，電子回路技術について解説しています．

▶筆者のウェブ・ページ（http://www.ukimori.com/）

第9章 表面実装部品をユニバーサル基板に取り付け
ピン・ピッチ変換グッズ

浮森 秀一

面実装部品が主流になった現在でも，ユニバーサル基板は2.54 mm ピッチのものが相変わらず主役です．さまざまなパッケージ・タイプのある最新部品を，変換基板を使いつつ，ユニバーサル基板に実装してみましょう！

9-1 マイコンなどの多ピンIC
端子ピッチを2.54 mmに変換できる基板を利用する

● DIP品はデータシートに載っていても入手できないことがある

マイコンなどの高集積化されたデバイスは，表面実装部品化が特に進んでいます．そのため，ユニバーサル基板に実装することが容易な2.54 mmピッチの部品の入手が難しくなってきています．

ある基板にちょっとした機能を追加しようと思い，R8C/M12Aシリーズ(ルネサス エレクトロニクス)を使おうと思いました．このマイコンは少ピンで，DIPパッケージ(写真1)もカタログ上は存在しています．しかし，DIPパッケージのR5F2M122ANDDは入手できませんでした．

表面実装パッケージのR5F2M122ANSPは入手できました(写真2)．そこで，ピッチ変換基板を利用して，ユニバーサル基板に表面実装品を実装することにしました(写真3)．

■ やってみよう！

手順1 実装する場所を確認

ユニバーサル基板とピッチ変換基板は，基板上の穴で接続されるので，各ピンがユニバーサル基板のどこに来るのかを確認しておきます．実際に，マイコンを基板に載せて確認するとよいでしょう(写真4①)．

手順2 基板上の一つのピンだけに予備はんだを行う

はんだこてを当てやすいピンに，予備はんだを盛ります．写真4②では，二つのピンがブリッジしていますが，仮どめなので気にする必要はありません．そのまま次の処理に進みます．

手順3 マイコンを基板に仮どめ

先ほど予備はんだを行ったピンにはんだこてを当てながら，マイコンを基板に仮どめします(写真4③)．

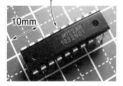

写真1 入手できなかったDIPパッケージ
マイコンR5F2M122ANDD．

写真2 入手できた表面実装パッケージ
マイコンR5F2M122ANSP．

写真3 表面実装マイコンをユニバーサル基板に載せられるようになる「SOPピッチ変換基板」
SSP-61(0.65 mmピッチ，最大32ピン用)，サンハヤト．

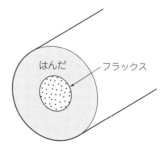

図1 糸はんだにはフラックスも含まれている

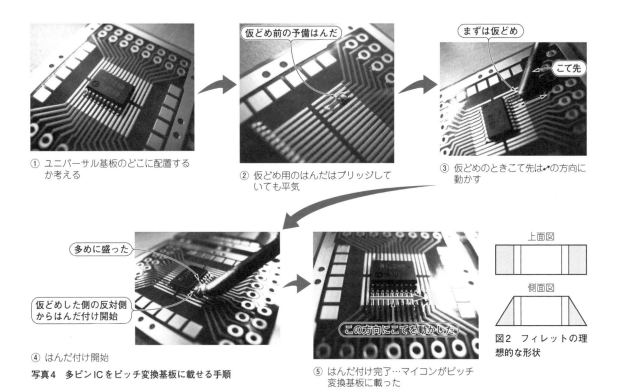

写真4 多ピンICをピッチ変換基板に載せる手順

図2 フィレットの理想的な形状

ここでの位置精度が，のちに重要になります．

仮どめを行っている列について，マイコンのピンと基板パッドの位置が合っているかを確認します．反対側の列もです．デバイスがQFPの場合なら，列全てについて同じように確認します．

全てのピンとパッドの位置が正しく置かれていることを慎重に確認しながら，対角にある1ピンを仮どめします．仮どめの際に複数の端子がはんだブリッジしてしまっても，さほど気にする必要はありません．

仮どめは，安定するように対角上の2点に対して行います．まだこの状態であれば，位置の微調整が可能です．

手順4 はんだ付け

仮どめを行った二つのポイントから，なるべく離れた場所からはんだ付けを行います．このとき，はんだブリッジが生じても気にする必要はありません．新しい糸はんだを追加してフラックスを供給し，はんだの流動性を保ちながらはんだ付けします．図1に，糸はんだの断面図を紹介します．中心にフラックスが入っています．

はんだの流動性をよみがえらせることができれば，はんだブリッジが起こっても恐れることはありません．どんどんはんだ付けを行って，あとからはんだブリッジを修正すればよいのです（**写真4④**）．

基板を斜めや水平にすることができれば，さらに修正しやすくなります．重力や慣性力を利用して，余分なはんだを取り去ることが可能です．この際に，ほかの場所にはんだが流れていかないようにしましょう．

手順5 ブリッジや未はんだを確認

取り付け位置に間違いがないか，はんだブリッジやはんだ不足が起こっていないかを目視で確認します（**写真4⑤**）．

表面実装部品が搭載された基板の場合，従来の片面基板や両面基板で行われていたチェック・ピン（ICチェッカ）による電気的な導通検査を行うことは困難です．このため量産工程では，目視検査を自動化するためにカメラ画像を用いた外観検査装置が用いられています．

外観検査装置によるはんだ実装の検査の簡単な原理は，はんだフィレットを検出するものです．ここでの目視検査でもフィレットの形状を確認してみましょう．

図2ではフィレットの形状が富士山型となっていますが，はんだの量によってカーブが異なってきます．手付け実装では量が多くなりがちなので，盛り上がる場合があります．フィレットの形状を確認することで，正しくはんだ付けされているかを判断できます．

9-2 トランジスタや少ピンIC
シール基板を使ってみよう

表面実装タイプの汎用小信号トランジスタ2SC2712や2SA1162は，そのままではユニバーサル基板に搭載できません．

また，同じようなサイズで5ピンの汎用ロジックICがありますが，こちらもユニバーサル基板に搭載できません（**写真5**）．

汎用ロジックICは，そもそも小型化するのが目的であるためか，パッケージも小さな表面実装部品であることが多いのです．東芝製の1回路入り汎用ロジックICの場合，5VのTTL信号を入力可能な5Vトレラント品のピッチは，0.5mmや0.4mmになります．これをユニバーサル基板に載せるのは大変です．

● トランジスタ用のピッチ変換基板がある

シール基板と呼ばれる「ピッチ変換基板」を使用します．使用するピッチ変換基板を**写真6**に示します．

希望するパターンをはさみやカッターナイフで簡単に切り出せます．ユニバーサル基板に貼って使います．

回路の変更が生じた場合，既存の回路の上からでも部品を追加できるので，とても重宝します．材質は通常の基板と同じガラス・エポキシなので，金めっきのパッドなら通常の基板と同じようにはんだ付けできます．

厚みが0.1mmと薄くて白いので，あたかも紙のように扱え，接着剤を使えば基板にシールのように貼れます．今回は接着剤を使わずに，はんだだけで固定してみたいと思います．

シール基板の入手方法はマイコンのピッチ変換基板と同じで，RSコンポーネンツなどのネットショップのほか，サンハヤトのネットショップからも購入できます．

ミニモールド・トランジスタ用の基板ですが，汎用ロジックICでもパッケージが同じため使えます．**写真7**に示した方眼の1目盛りは1cmです．載っているロジックICは，ユニバーサル基板へ約1cm角程度の面積で実装できそうです．

写真5 5ピンの汎用ロジックIC…このままではユニバーサル基板にはんだ付けできない

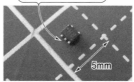

（a）外観　　　（b）シール基板に載せた様子

写真7 1，2本の信号電圧が異なるときに使う汎用ロジックIC
TC7SH125FE 5.5V，トレラント機能あり，東芝，パッケージはSON 5-P-0.50（0.5mmピッチ）．

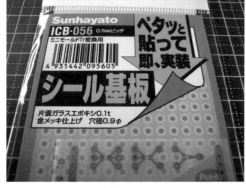

（a）ラベル

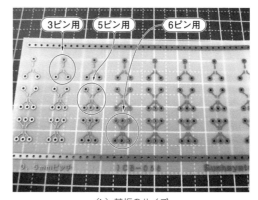

（b）基板のサイズ

写真6 0.5mmピッチのトランジスタをユニバーサル基板に載せるためのシール基板
ミニモールド・トランジスタ変換用0.5mmピッチ「ICB-056」，サンハヤト．

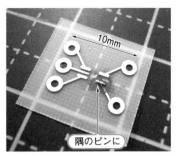
① 予備はんだ

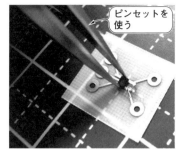
② 位置合わせ

③ はんだ付け1

④ はんだ付け2

写真8 5ピンICをシール基板にはんだ付けする手順

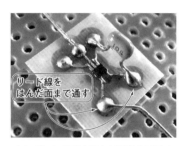
（a）ジャンパ線をはんだ面側まで通す

（b）はんだ面

写真9 シール基板の固定…ジャンパをユニバーサル基板まで通すと固定できる

■ やってみよう！

手順1 予備はんだ

角の1ピンだけに予備はんだ処理を施します（**写真8**①）．このとき，できるだけ「一つのピンだけ」にはんだを付けるのがポイントです．

手順2 仮どめ

先端が細くなっているピンセットを使って，部品を載せています（**写真8**②）．

手順3 ポジショニング

このとき，はんだ付けされているのは1ピンだけなので，ピンセットで部品位置の修正が可能です．

手順4 はんだ付け

ここからは，ピンセットが不要です．ピンセットを糸はんだに持ち換えて，最初に仮どめしたピンから最も遠いところにある対角の辺1列について一気にはんだ付けします（**写真8**③）．

よく見ると最初の1ピンのはんだがフラックス切れを起こしており，流動性も見た目も悪くなっています．これは仮どめやポジショニングを行い，長時間熱を加えた結果です．新しいはんだを使ってフラックスも追加して，はんだをリフレッシュしましょう．

写真8④では，位置が奥側になってしまい見えにくいのですが，最初の1ピンのはんだも「リフレッシュ」されていることに注目してください．

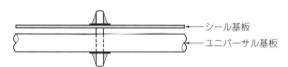

図3 変換基板をユニバーサル基板に固定する方法

手順5 ユニバーサル基板への実装

これで，汎用ロジックICのシール基板へのはんだ付けは終了です．

最後に，この汎用ロジックICが付いたシール基板をユニバーサル基板に固定します．今回，シール基板の固定には接着剤を使用しませんでした．代わりの固定方法を紹介します．

パスコンや信号配線のリードをシール基板とユニバーサル基板の両方の穴に通して，上下をはんだ付けすることで，シール基板とユニバーサル基板を固定できます［**写真9**（a），**図3**］．

シール基板も今回使用したユニバーサル基板も片面基板なので，2.54mmピッチの穴はスルー・ホールではありませんが，それぞれの基板のはんだ面を外側にもってくることで，このような固定が可能になります．

五つの穴全てについて，はんだを使って両面で固定しているので，接着剤なしでもしっかりと固定されています．

9-3 抵抗やコンデンサなど2端子部品
1608や2012サイズならそのまま付けられる

抵抗，コンデンサ，ダイオードなどの2端子部品も，表面実装タイプの方が入手性がよくなりました．また，量産に近い状態で試作を行うのであれば，ユニバーサル基板とはいえ，表面実装タイプを使わざるを得ません．

部品サイズが1608または2012であれば，ユニバーサル基板の二つのパッドの間に置くことができ，両端子にほどよくはんだが乗ります．

■ やってみよう！

1608サイズの抵抗器までは抵抗値が部品に印字されています．これ以上小さいサイズの抵抗器には値が印字されていません．ここでは1608サイズを使用します．

1608の表面実装部品は，意外と簡単に2.54 mmピッチのユニバーサル基板に実装できます（**写真10**）．仮どめを行い，新しい糸はんだを追加しながら，こての平らな面で両方のパッドへ同時に熱を加えます．すると，チップ抵抗は量産時のリフロと同じように部品自体が勝手にポジショニングを行い，二つのパッドの中央付近に移動します（**写真11**）．

時折，チップが立ってしまうことがあります．パッドへ熱を加える際には，そのバランスに注意する必要があります．

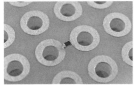
(a) 0603

(b) 1005

(c) 1608…ランドにぴったり．はんだ付けしやすそう

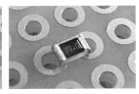
(d) 2012…これも扱いやすそう

(e) 6331（6.3×3.1mm）

写真10 チップ抵抗をパッド上に置いてみると…
やはり1608が扱いやすそう．

Column

チップ部品のサイズの呼称

抵抗やコンデンサ，ダイオードなどの主な部品は，表Aのようにパッケージのサイズが規格化されています．そして1608などのように，「長さ×幅」のサイズで呼ばれています．

ここではJISのミリメートル単位の呼称を使っていますが，一部ではEIAのインチ単位を使用した名称も存在します．例えば，ミリメートル単位での1608は，インチ単位では0603となります．手元のチップがミリメートル単位なのかインチ単位なのか確認するようにしましょう．1608Mと表記されていれば，ミリメートル単位になります．本章では特筆なき場合，ミリメートル単位で扱います．

写真Aは，1608と2012のチップ抵抗を並べたものです．抵抗値がカラー・コードの代わりに数字で書かれています．

部品の小型化は今も進行しています．現在最も小さい0402サイズは部品代も高く，未対応の実装機や検査装置が存在する状態です．現在の市場では1005か1608サイズが多く流通しているようです．

表A チップ抵抗の呼称とサイズ

呼称	サイズ
3225	3.2 × 2.5 mm
3216	3.2 × 1.6 mm
2012	2.0 × 1.25 mm
1608	1.6 × 0.8 mm
1005	1.0 × 0.5 mm
0603	0.6 × 0.3 mm
0402	0.4 × 0.2 mm

単位 [mm] の場合での呼称．サイズ：長さ L ×幅 W

写真A 1608サイズまでは抵抗値が書いてある

チップ部品は外形が小さいため，スペースを気にせずに自由にレイアウトができます．例えば，LEDなら写真のように千鳥足状（互い違い）にせず，1列に実装可能です（写真12）．

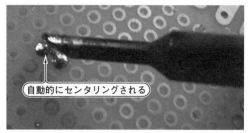

◀写真11
端子の両側を温めると自動的にセンタリングされる

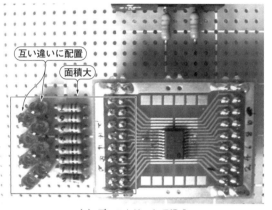

（a）ディスクリートで構成　　　　　　　　　　　　　（b）チップ部品で構成

写真12　リード部品を使うよりも表面実装部品を使った方が基板の面積を小さくできる

ユニバーサル基板の配線法「ブリッジはんだ」 Column

ユニバーサル基板のはんだ面の配線（写真B）は，はんだだけで行います．これをブリッジはんだと呼びます．簡単に説明しましょう．
① だんご状に，穴一つずつにはんだを盛ります（写真C）
② はんだを2個ずつブリッジ（ゲームのぷよぷよみたいに）します（写真D）
③ 2個のパッドの間に，はんだを盛ります．パッド4個ずつの島を作ります
④ パッド4個ずつの島の間を，順に埋めていけば完成です（写真E）

慣れないうちは，端から順番にはんだ付けしたくなります．しかし，はんだ付け直後のパッドには熱が残っているため，隣のパッドにこてを当てていると，先に接続したパッドのはんだが溶けて収縮し，先に接続したはずのパッド間がオープンになってしまいます．

従って，上記のようにパッドの間隔を開けて，熱が伝わらないようにしながらはんだ付けをするのです．ずっと息を吹きかけながら，はんだ付けしている人もいます．

◀写真B
ユニバーサル基板のはんだ面

写真C　ブリッジはんだを作る(1)　　写真D　ブリッジはんだを作る(2)　　写真E　ブリッジはんだを作る(3)

9-4 8ピンOPアンプ
パスコンを電源の近くに置ける変換基板を選ぶ

1.27 mmピッチ8ピンのOPアンプなら，リードを広げれば2.54 mmピッチのユニバーサル基板に無理やり実装することも可能ですが，部品にストレスが加わります．やはり「ピッチ変換基板」を使用しましょう．

ここでは，8ピンOPアンプ専用の変換基板（**写真13**）を使う方法と，**9-3**節で紹介したシール基板を使う方法の二通りを紹介します．

■ 方法1…OPアンプ専用変換基板を使う

● やってみよう

角のピンに予備はんだ（**写真14**①）を行い，部品の仮どめをします②．対角の辺をはんだ付けしたら，全ての辺をはんだ付けします③．

このピッチ変換基板は，8ピンの2回路入りOPアンプ専用です．4ピンと8ピンとの間に，パスコン用のパッド（1608サイズ）が用意されています．チップ・コンデンサを実装すると（**写真15**），最短距離で電源-グラウンド間にパスコンを接続できます．

変換基板には珍しく，この製品は接続用の専用ピンが付いてきます．4ピンが二つ付属しています．真ん

（a）部品面（表面）　　（b）はんだ面（裏面）

写真13 OPアンプをユニバーサル基板に載せるためのピッチ変換基板（SOP8 1.27→2.54 mm）
SOP8-1P27（4），アイテムラボ（http://www.aitem-lab.com）．

中の2ピンは，裏面から面実装ではんだ付けします（**写真16**）．

■ 方法2…シール基板を使う

写真17のシール基板を準備しました．ところが，シール基板のパッドがICの幅に合いませんでした（**写真18**）．シール基板は，もともと左右にカットして使用することを前提にしているのでしょう（**写真19**）．

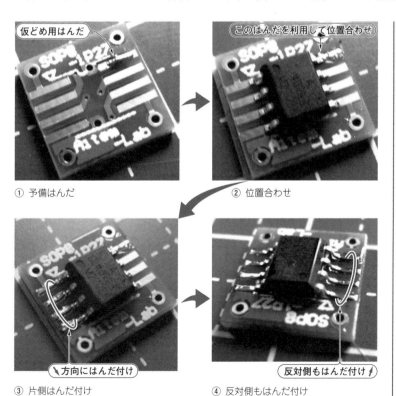

① 予備はんだ　　② 位置合わせ
③ 片側はんだ付け　　④ 反対側もはんだ付け

写真14 OPアンプをピッチ変換基板にはんだ付けする手順

写真15 使用した変換基板は反対面にパスコン用パッドがある

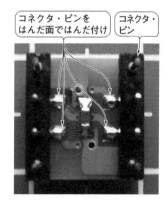

写真16 変換基板の裏面にコネクタ・ピンを取り付ける

写真17 OPアンプをユニバーサル基板に載せるためのピッチ変換基板(SOP8 1.27→2.54 mm)
ICB-060, サンハヤト.

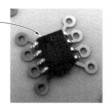

写真18 写真17のシール基板はそのままではICが載らない

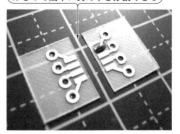

写真19 写真17の基板をはさみで切った

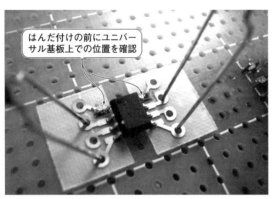

写真20 シール基板を使ったときOPアンプがユニバーサル基板に載るかどうかを確認

写真21 マイコン近くにOPアンプを置くことができた

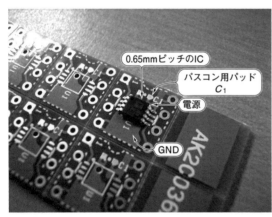

写真22 0.65 mmピッチのOPアンプをユニバーサル基板に載せるためのOPアンプ専用標準DIP化変換基板
秋月電子通商扱い.

親基板に載せるには2.54 mmピッチのグリッドへ合わせる必要があるので，OPアンプを仮どめする際は親基板に載せながら行います(**写真20**)．**写真21**が，はんだ付け後のユニバーサル基板です．

■ 方法3…OPアンプ専用変換基板2（0.65 mmピッチ対応品）

0.65 mmピッチで2回路入りOPアンプICには，**写真22**の変換基板を準備しました．こちらにも1608サイズと思われるパスコン用のパッドが用意されています．先ほどのアイテムラボのパッドと比較して小さいので，手実装は少々難しくなります．写真のOPアンプの上にあるC_1がパスコン用のパッドです．

このように，OPアンプの専用変換基板も各社からいろいろ用意されています．

9-5 はんだが端子間に入り込むと取れなくなるコネクタ
あらかじめパッドにはんだを乗せておき追加はんだせず少しずつ温める

写真23 フレキ用コネクタ
FH12シリーズ 10ピン 0.5 mmピッチ「FH12A-10S-0.5SH(55)」，ヒロセ電機．

（0.5mmピッチと狭い）

（ここの一部を利用する）
（本来は表面実装IC向け）

写真24 表面実装コネクタをユニバーサル基板に載せるために用意したピッチ変換基板
「SOP48-P5-D(2)」（48ピン0.5mmピッチ2枚入り），アイテムラボ．

（端子ピッチは合っている．この基板も使える）

写真25 参考情報…写真24の基板ではなくサンハヤトのSSP-51でも対応できそう

　フレキ対応コネクタをユニバーサル基板で使用するときは，IC用のピッチ変換コネクタを使用します．フレキ対応のコネクタのリード間隔は，0.5 mmや1 mmのものがほとんどです．端子の数が10〜50と多いうえリードを曲げることもできないので，ピッチ変換基板が必要です．

　フレキ対応コネクタとして，**写真23**のFH12A-10S-0.5SH(55)を，変換基板として**写真24**のSOP48-P5-D(2)を使ってみます．サンハヤトのSSP-51でも対応できそうです（**写真25**）．

　コネクタと基板を準備できたので，いざ，はんだ付けと意気込んだものの，これまでに紹介した方法ではうまくはんだ付けできませんでした（**写真26**）．

　コネクタのピン形状が板状のスリットになっているからです．フラックス効果によりはんだの流動性を保ったとしても，毛細管現象によって，はんだがスリット間に残ってしまい出てこなくなりました．このため，別の方法ではんだ付けすることにしました．

　量産時にクリームはんだを使って行うリフロはんだに近い方法になります．このような場合の代替方法として紹介させていただきます．

■ やってみよう！

手順1 予備はんだを全てのパッドに施します（**写真5**①）

　ここで使用するはんだは，この予備はんだだけに限定する必要があります．量産時の自動実装で，クリームはんだをはんだ印刷機で塗る工程に似ています．はんだの中のフラックス成分が蒸発しないように，素早く行う必要があります．

　ここで，はんだの量を制限しておかないと，余分なはんだがコネクタのピン間にある板状スリット間に入ってしまい出てこなくなります．

手順2 コネクタを仮どめします

　コネクタ両サイドにある固定用パッドを使って仮どめします（**写真27**⑤）．この際のポジショニングは慎重に行います．

（はんだが端子間に入り込んでしまった）

写真26 普通にはんだを送りながら付けたら，端子間にはんだが入り込んでしまった

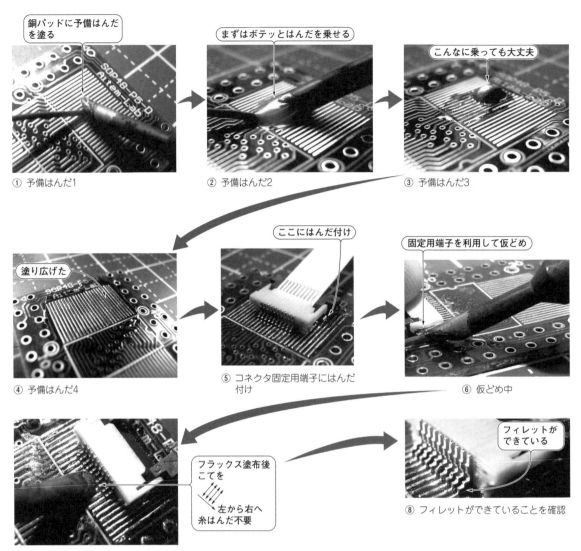

写真27 フレキ用コネクタをIC用ピッチ変換基板に載せる手順

コネクタを指で固定しながらはんだ付けする必要があります．しかし，変換基板のパッドに合っていないため，糸はんだを追加しながら行う必要があります．

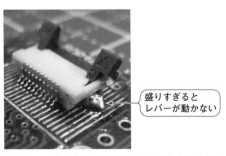

写真28 コネクタ固定用端子にはんだを盛りすぎるとレバーが動かない

ただし，使用するはんだの量は少なめにする必要があります．このはんだが多すぎると，フラット・ケーブルを固定するアクチュエータ（レバー）が動作しなくなります（**写真28**）．

手順3 コネクタをはんだ付けします

予備はんだだけを使って，はんだ付けします（**写真27⑦**）．そしてコネクタのピン先にフィレットができていることを確認します（**写真27⑧**）．

このフレキ対応コネクタは樹脂でできているため熱に弱く，過度にはんだこてを当てるとコネクタが変形します．

手順4 親基板であるユニバーサル基板にセットします（**写真29**）

コネクタ搭載基板をユニバーサル基板へはんだ付け

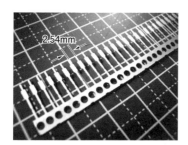

写真30 連結ピン100ピン（50ピンが2本入り）「SP-2P54-50(2)」
アイテムラボ．

（a）表面

（b）裏面

写真31 写真30のピンによりコネクタ搭載基板がDIP ICのようになった

するため，**写真30**の連結ピンを使用しました．このピンを使用すると，コネクタ搭載基板をDIP-ICのように扱えます（**写真31**）．なお，ユニバーサル基板に差し込む際に，足の間隔を調整する必要があります．

表面実装部品を使用する場合はプリント基板を作成するのが一般的です．けれども，ちょっとした試作では変換基板やシール基板を使用することにより，表面実装部品を2.54 mmピッチのユニバーサル基板に実装できます．

近年，はんだ付け技術には鉛フリー化や銀フリー化など，次々と課題が与えられています．

最後に，実装技術アドバイザの河合 一男先生の言葉を紹介します．

「こういったはんだ実装上の課題解決力は，
どれだけ自分の手ではんだ付けを行ってきた
かにかかっている」

はんだ付けには学問としての知識も必要になると思いますが，現場でどれだけ経験を積んだかが最も大切に感じます．はんだ付け以外の分野においても同様ではないでしょうか．

写真29 完成！ユニバーサル基板にフレキ・ケーブルを接続できた

＊　　　＊

筆者のウェブページ（http://www.ukimori.com/）では，本章に関する追加情報やEMC，電子回路技術について解説しています．

（初出：「トランジスタ技術」2011年11月号特集　第3章）

第10章 今どきの部品取り外しグッズ…優れものマシン

熱風吹き出し装置，挟んで取り外す装置，低温はんだ

長瀬 隆／平井 惇／武田 洋一

プロユースのリペア装置を紹介します．低価格なスッポン，低温はんだリペアキットからプロが使っているホットエアー装置，ホットツイーザー，電動式はんだ吸い取り機など広く電気電子機器産業界で使用されています．

10-1 ホットエアー装置
ICの形状に合ったノズルを選ぶ

プリント基板に部品が思い通りに実装されていない経験は誰でもあるでしょう．そんなときは，部品を取り外して新たに部品を取り付けることになります．でも部品交換は思いのほか大変です．部品を取り外している最中に，プリント・パターンがはがれてしまったり，部品が壊れてしまったりすることがあります．的確に部品を交換するには道具が重要です．

● 熱風ではんだを溶かす

ホットエアー装置の外観を**写真1**に示します．

加熱したエアーを部品のはんだ付け部に当て，はんだを溶かします．ノズルは，部品の形状に合ったものを使用しましょう．

これは取り付けにも利用できます．銅パッドにクリームはんだを塗布し，ホットエアー装置で加熱することではんだ付けができます．

表面実装部品の取り付け／取り外し以外に，収縮チューブの加工や加熱試験にも利用できます．

● ポンプ，ヒータ，温度センサで構成

図1に，ヒータを含むこて部の構造を示します．

また，装置本体の中にはエアー・ポンプと制御用の基板があり，こて部とはホースとリード線で接続されています．こて部の先端には保護パイプがあり，その中にマイカ・パイプで絶縁されたヒータがあります．ヒータは，柱状のセラミックにニクロム線が巻かれ，その先にセンサがあります．

こて部にあるスタート・ボタンをONにすると，センサの温度を検知してヒータ回路がONになり，ヒータが発熱します．同時にエアー・ポンプが駆動し，エアー噴き出し口から加熱されたエアーが噴出されます．エアー噴き出し口の整流板は，エアーを均一に噴き出す構造になっています．

先端にはいろいろな形状のノズルを取り付けることができます．例えば，チップ部品の取り外しには，シングル・ノズルと呼ばれるパイプ状のノズルを使用します（**表1**の最上段）．

● 使用方法

一番使われているSOP，QFPを例に説明します．

▶SOP/QFPの取り外し

① ピックアップ・ワイヤをQFPと基板の間に挿入します［**図2(a)**］．

② ノズルからホットエアーを噴出させ，ノズルを

(a) 全景

(b) ノズル先端

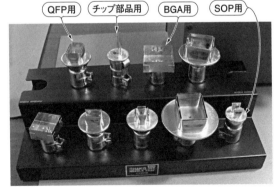

(c) 用途に合わせていろいろな形のノズルが用意されている

写真1 ホットエアー装置FR-802（白光）

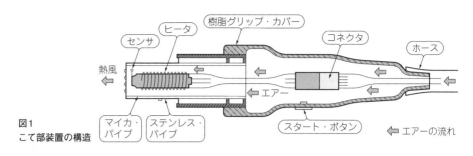

図1 こて部装置の構造

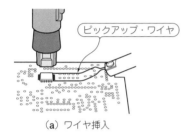

(a) ワイヤ挿入

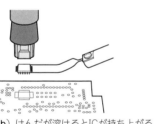

(b) はんだが溶けるとICが持ち上がる

図2 ICの取り外し方

表1 外す部品に合わせて複数のノズルがある

ノズルの種類	特　徴	使用例
シングルφ4.4用	形状に方向性がないため，大きな面から小さな面まで幅広く対応できる	汎用性が高く，表面実装部品の取り付け/取り外しに幅広く使用されている
SOP 7.5×18用	複数のピン，リードに1回の作業で対応できる	SOPの取り外しなど
QFP 14×14用	複数のピン，リードに1回の作業で対応できる	QFPの取り外しなど
PLCC 9×9用	横から加熱する	PLCCなど特殊な形状の取り付け/取り外し
BGA 40×40用	四角いミニ・リフロの形状でBGA全体を加熱する	BGAなどの取り付け/取り外し

QFPに近づけて作業を行います．

③ QFPのはんだが溶けだすと，ピックアップ・ワイヤとQFPが動き始めます．全体のはんだが溶けた時点でQFPを持ち上げると[図2(b)]，簡単に取り外すことができます．

④ はんだ吸い取り線などで，残りのはんだを除去します．

● 間違った使い方

ノズルから噴き出すエアーは100〜500℃にまで達するので，熱風を人に向けたり，ノズル周辺の金属部に触れたりしないように注意しましょう．

基板を加熱しすぎると基板が焼けてしまうので，温度と時間を最適な条件に合わせることが重要です．

ピックアップ・ワイヤを無理して差し込む必要はありません．

● 部品形状に合わせていろいろなノズルがある

表1にノズルの種類を，写真1(c)にノズルの外観を示します．ホットエアー装置のノズルは，部品の形状に合わせてさまざまな種類があります．標準品だけでも50種類以上が用意されています． 〈長瀬 隆〉

10-2 ホットツイザー
SOP ICや2端子部品をつまんで外す

● 部品の両端を一気に温める

ホットツイザーの外観を写真2に示します．2本のこて先で部品を挟んで外します．こて先の幅は，小型のチップ部品に使える1 mmの品から，SOPに使える25 mmの品まであります．基本的にはグリップ部が二つに分かれ，それぞれにヒータ，センサ一体のこて先が取り付き，部品を挟み込みます．

写真2(b)のチップ部品用は，グリップの切り替えレバーを使用すると，何もしないときにこて先が閉じた形状(逆作動)になります．この機能があると，あらかじめ部品をつかんだまま温められ，指で保持することなくリワークできます．

● 使用方法
① 鉛フリーはんだのときは，作業温度を350℃以下に設定します．
② グリップの切り替えレバーを「作動」または「逆作動」にします．
③ 基板のはんだ量が少ない場合は，はんだを少し盛ります．
④ 古い基板のときは，はんだ表面に酸化膜があるのでフラックスを塗布します．
⑤ 写真3(a)のようにこて先にはんだを溶かし，写真3(b)のように部品をつまんで取り外します．
⑥ 残ったはんだを，はんだ吸い取り線を使って除去します．

● 熱の加えすぎはよいことなし

電解コンデンサの取り外しや取り付けは，短時間で作業することが重要です．加熱しすぎるとコンデンサが爆発します．

〈長瀬 隆〉

(a) 予備はんだ

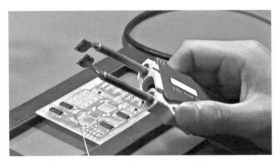

(a) SOP用(白光のFM-2022)

(b) IC(SOP)を挟む

(b) 2端子部品用(白光のFM-2023)

写真2 ホットツイザーの外観

(c) チップ抵抗は熱容量が低いため短時間で外せる

写真3 ホットツイザーの使い方

10-3 プリヒータ
基板を予熱，鉛フリーはんだ付けや多層基板のリペアに

● 基板をあらかじめ温めておき，はんだ付けを容易にする

プリヒータの外観を写真4に示します．プリヒータは，鉛フリーはんだや多層基板のリペアに便利な工具で，基板を傷めずに部分的に下部から加熱できます．

＋150℃〜＋300℃までの温度設定が可能です．10-1節に示したホットエアー装置を併用して，上面から温風を当てると，作業がスムーズに進みます．多層基板の加熱に有効なツールです．

● 種類と構造

基板を部分的に加熱する品と，全体を加熱する品の2種類があります．写真4は部分加熱品です．マイカにニクロム線を巻いたヒータ・ユニットとセンサがパイプの中にあります．ファンでエアーを送り，ヒータ部で加熱するとパイプ後端から熱風が出ます．

● 使用方法

図3のように，プリヒータの上面に基板ホルダで基板を固定します．可変式ダイヤルで温度を設定し，スタート・ボタンを押せば吹き出し口から温風が噴出されます．この状態であれば，基板に搭載されている部品をはんだこてやホットエアー装置で容易に交換できます．

● 間違った使い方

設定温度を高くしすぎると，基板が焼けたり，部品の耐熱温度を越えるため部品が破損したりします．

ホットエアー装置を併用したリペアの場合，基板の修正が終わって基板を取り除くとき，ホットエアー装置の電源をOFFにしておかないと，プリヒータ上部からの熱でホットエアー装置が加熱されてしまい，壊れることがあります． 〈長瀬 隆〉

写真4 基板を予熱し，はんだ付けの作業性を高めるプリヒータ
白光のFR-830．

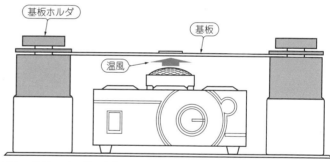

図3 プリヒータの使用方法

鉛入り/鉛フリーはんだの濡れ広がり試験 Column

こて先で鉛入り/鉛フリーはんだを溶かしてみましょう．条件は，下記のとおりです．写真Aの経時変化から，鉛入りはんだの方がぬれ広がりがよいことが分かりますね．

〈条件〉
- 使用はんだこて，こて先：FX-951 T12-D24
- こて先温度：370℃
- 使用はんだ量：φ0.6 2.0 mm

鉛フリー（Sn-3.0 Ag-0.5Cu）はんだ

濡れ性や広がりがよい

鉛入り（Sn-40Pb）はんだ

溶け始め　0.1秒後　0.2秒後　0.3秒後

写真A 鉛入りはんだと鉛フリーはんだの濡れ広がりの違い

10-4 はんだ吸い取り機
所望の条件によって電動式,手動式を使い分け

1 電動式

● 真空ポンプではんだを吸い上げる

写真5に示すのは,電動式はんだ吸い取り機です.内部構造を図4に示します.真空ポンプを内蔵し,先端のノズルではんだを吸い上げます.ノズルの温度を制御できるので,プリント基板を傷めず安全に作業ができます.また,熱回復特性が良いため,融点の高い鉛フリーはんだの吸い取りも可能です.

ノズル部分を写真6に示します.はんだをためる部分に紙フィルタを使っています.

● 使用方法

図5に,はんだの吸い取り手順を示します.取り外したい部品のパッドにフラックスを塗布し,ノズルを当てるとはんだが溶け始めます.前後左右にノズルを動かし,はんだが溶けたところで吸い取りスイッチをONにします.はんだがしっかり溶けてから吸い取ることが重要です.

写真5 はんだ吸い取り機
白光のFM-204.

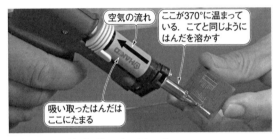

写真6 はんだを吸い取っているところ

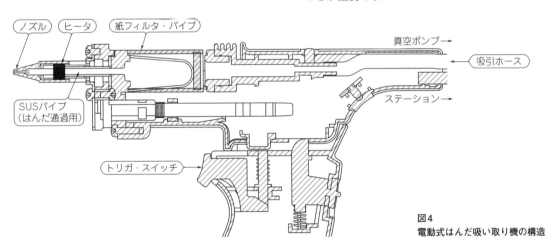

図4 電動式はんだ吸い取り機の構造

全部入り リペア・ツール　Column

写真Bに示す白光のFM-206は,はんだこて,吸い取り器,ホットツイザー,ホットエアーの4種類に加えてN_2(窒素)はんだこてが使用できます.

〈長瀬 隆〉

写真B はんだこて,吸い取り器,ホットツイザー,ホットエアー装置を兼ねるFM-206(白光)

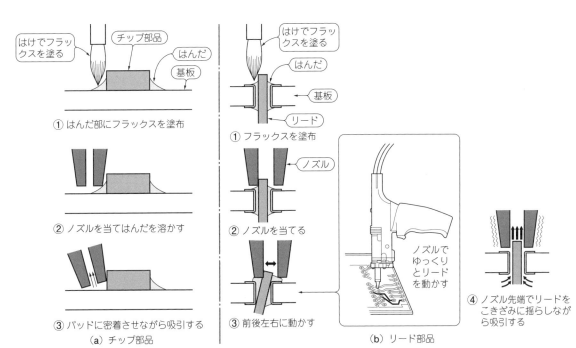

図5 電動式はんだ吸い取り機ではんだを吸い取る手順

2 手動式

● ばねの力で吸い込む

外観を**写真7**に，内部構造を**図6**に示します．ばねを使って小さなエアー・ポケットを作り，そのばねを解除するとノズル先端からエアーを吸い上げます．

軽量で安価，持ち運びに優れた品で，準備に時間もかからず使用できます．ただし，多層基板のスルーホールのはんだを吸い取るのは難しいようです．

● 使用方法

図6(a)に示すようにつまみをシリンダに押し込み，ばね力を発生させます．はんだこてで基板のはんだを溶かし，溶けると同時にボタンを押し，先端ノズルで吸い上げます（**写真8**）．吸い上げるパワーが強いので，片面基板ではパターンがはがれることもあります．こて先とノズル先端の位置が接触しすぎると，ノズル先

写真7 手動式のはんだ吸い取り機
白光のSPPONシリーズ．

端が傷みやすくなります．

パッド上の全てのはんだを除去できるわけではありません．最初の7割を吸うくらいの目的で使います．あとは，はんだ吸い取り線を利用します．　〈長瀬 隆〉

写真8 手動式ではんだを吸い取り中
付いているはんだの7割くらいを吸い取れる．

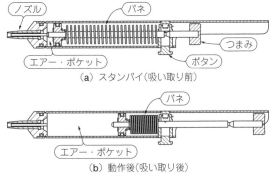

図6 手動式吸い取り機の構造

10-5 ピンポイント加熱器
放熱性の良いアルミ基板上のLEDを交換できる

写真9 放熱性のよいアルミ基板を部分的にしっかり温められるピンポイント加熱器

最近，LED照明や電気自動車に搭載されるプリント基板には，アルミなどの金属製の基板が使われることが多くなっています．放熱性のよいアルミ基板上の部品は，はんだこてでの交換が難しく，リペアせずに基板ごと廃棄することが多くなっています．

10-3節で紹介したプリヒータを用いて予熱を加えてからこてを当てても，アルミ基板は熱伝導率が高いため，熱が周囲に逃げてしまい，はんだが溶けるまでの温度に上げることが難しいです．

放熱基板ピンポイント加熱器FR-805（白光，**写真9**）は，アルミ基板の一部を，直接加熱プレートで温めることができ，必要なポイントだけに熱を伝えることができます．そのため，数十秒でLEDなどのチップ部品を取り外せます．また，取り付け時には，リフロと同じような温度プロファイルを設定でき，確実に部品を取り付けられます．

● 使用方法
① 取り外したい部品サイズに合った加熱プレートをセットする［**写真10(a)**］
② 電源を入れ温度を設定する
③ レーザ・ポインタによるガイド光を利用して基板の位置決めをする［**写真10(b)**］
④ 圧力バーで基板を固定する［**写真10(c)**］
⑤ 所定の時間経過後，ピンセットで部品を取り外す［**写真10(d)**］
⑥ 圧力バーを解除する

〈平井 惇〉

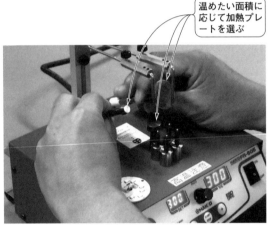

(a) 加熱プレート

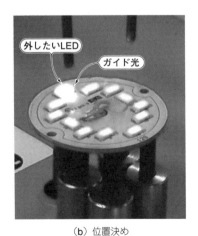

(b) 位置決め

(c) 圧力バーで固定

(d) 部品を外す

写真10 パワーLEDを取り外す手順

10-6 低温はんだを使ったIC取り外しキット
はずしたICや部品を再利用できる

サンハヤトの表面実装部品取り外しキットSMD-21(**写真11**)は,低温はんだを使って部品を外すというユニークな製品です.

● **融点が低いので部品への熱ストレスが小さい**

キットは16 cm長の特殊はんだが5本と,シリンジに入ったフラックス,はんだ吸い取り線などから構成されています.特殊はんだは,鉛や錫のほか,インジウムやビスマスからできた合金で,融点が58℃と低く,熱湯でも溶けます.この特殊はんだが部品の実装に使われているはんだと混ざり合うと,融点が下がります.融点が下がると,電子部品に加える熱ストレスが減るので,慌てずに部品を取り外すことができます.

● **鉛フリー対応品はやや融点が高い**

取り外しキットにはSMD-21とSMD-51という2種類の製品があり,ホームページでは違いがよく分かりませんが,SMD-51の特殊はんだには鉛が含まれていません.RoHS対応などで鉛などの使用が制限されている場合は,SMD-51の方がよいでしょう.ただし,融点が約81℃と若干高くなっているため,やや作業性が悪いと感じました.

● **使用方法**

① **準備**

取り外す部品周辺がほこりなどで汚れているときは,はけなどで奇麗にしておきます.コーティング剤などで覆われているときは,奇麗にはがしておきましょう.

次に,取り外しキットの専用フラックスを端子全部に塗布します.専用フラックスはシリンジに入っています.シリンジのキャップを取って端子に近付けると,金属針から1 mmくらいの太さでペースト状のフラックスが出てきます(**写真12①**).

部品を外すときは,はんだこてで加熱するのでフラックスが周囲に広がります.洗浄するのも面倒ですから,作業スペースだけを残して周囲はできるだけ紙テープなどで保護しておきます.

② **特殊はんだで部品の端子を温める**

特殊はんだを使って取り外す部品の端子を温めます.はんだは隣の端子とブリッジするくらい盛り付けます(**写真12②**).はんだこてで部品の端子を強く押してしまうと端子が曲がるので,ICを外す際には特に気を付けてください.またフラックスが溶けて多少の有

(a) 外観

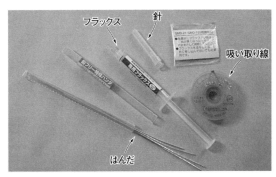

(b) 中身

写真11 表面実装部品取り外しキット SMD-21
融点が58℃と低いはんだを使うことで基板や電子部品を壊す可能性が低い.

害物質が飛散するので,作業中は換気してください.

③ **そのまま加熱を続けると**

端子全部に特殊はんだが付いたら,はんだこてでしばらくはんだを加熱します.加熱していると,はんだが固まらず液状のままになります.もう少し加熱を続けてください.

端子をはんだこてで軽く押すと,部品が動くようになったら,ピンセットなどで部品を持ち上げてみてください.隣にスペースがあるときは,横にずらしてもよいでしょう.部品が動かないときは加熱が足りないので,部品が動くまで加熱を続けてください.無理に動かすと基板のパターンがはがれたり,部品の端子が曲がったりします.

④ **部品が外れたら**

部品が外れたら(**写真12③**),溶けているはんだを綿棒で集めます.パッドの上もレジストの上も,はんだが溶けている間に,綿棒でこすって1個所に集めましょう(**写真12④**).パターンなどの銅はくがないところに集めます.はんだが冷めて固まってしまったら,再度,こてで温めて溶かしてください.集めたはんだは,小さなプラスチック・ケースに入れて保管してお

①フラックス塗布

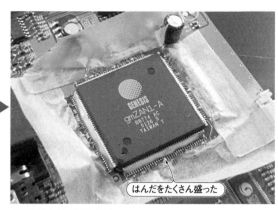
②低温はんだではんだ付け

③こて1本で外れる

④綿棒で集める

写真12　キットを使ったICの取り外し手順

きます．

集めたはんだは再利用できます．なぜかというと，実装に使われていたはんだが加わっても，特殊はんだの融点が多少上昇するだけで，数回の取り外し作業には差し支えないからです．もちろん，作業に支障が出るようになったら適切に廃棄してください．

⑤基板のクリーニング

外した基板に部品を付ける前には，パッドに特殊はんだが残るのを少しでも減らすために，実装用のはんだを使っていったんパッドにはんだを乗せ，吸い取り網やはんだ除去器で吸い取ってクリーニングします．特殊はんだに含まれるビスマスはもろい金属なので，部品を取り付けた後のリスクを減らすためです．また，フラックス洗浄剤を使って，作業の痕跡を残さないよう，奇麗に洗浄するのがよいでしょう．

● 作業をスムーズに行うために

はんだこては，普段のはんだ付けに使うものとは別のものを使います（キットのはんだと実装部品のはんだの組成が異なるため）．

他に必要な工具として，部品を持ち上げるためのピンセット，綿棒，使った特殊はんだを保存しておくプラスチック製のふた付きケース，余分なフラックスを洗浄するフラックス洗浄剤などがあるとよいでしょう．また，基板や外した部品の端子を仕上げるための，液体フラックスと吸い取り線があると作業がスムーズです．

作業中は，フラックス成分の蒸気や金属ヒュームなどからの人体への影響を避けるために，吸煙器を使用すべきでしょう．呼吸器などが敏感な方はマスクの併用も考えてください．

外した部品を再利用する際には，付着しているはんだを液体フラックスと吸い取り線を使って吸い取り，基板と同じように，もう一度実装用のはんだを付けてクリーニングした方がよいと思います．力を入れすぎると端子が曲がるので，十分に気を付けてください．

最近の表面実装部品には，リードがほとんどないパッケージもあります．特殊はんだがクリームはんだのようになれば，これらの部品にも使いやすくなるのではと感じました．　　　　　　　　　　〈武田 洋一〉

（初出：「トランジスタ技術」2011年11月号特集　第7章）

Appendix 3 小電力タイプ対応のはんだこて温度調節器の製作
ノイズ発生が小さい AC100 V ON/OFF 制御型

下間憲行

● 小電力のこてにも使える低ノイズ・タイプ

製作したはんだこて用温度調節器を**写真1**に示します．きっかけは，最近購入したはんだこてCXR‐40（太洋電機産業）です．CXR‐40は，消費電力30 W，こて先温度520℃という高温用途のスペックです．通電して放っておくと，こて先温度が上がりすぎて困るのです．この温度を下げて使いたいということで製作を始めました．

昔ながらの調光回路（位相角制御）では，発生するノイズが心配です．かといってヒータ抵抗の変化を検出して制御する方式ではヒータの消費電力が小さめです（Column参照）．

そこで，AC100 Vの波を間引くという方法で電力制御することにしました．1秒間120発の波を数えて（60 Hz地域），正負別に1波単位でON/OFFを増減できるようにしてみました．

具体的には，マイコン**PIC12F675**とトライアック**AC03DGM**注を使ってゼロ・クロス制御を行います．温度は，可変抵抗で調整します．当然ですが，はんだこての温度を下げることしかできません．

制御回路のしくみ

回路を**図1**に示します．トランスレスで，AC100 Vを抵抗R_2，R_3とツェナー・ダイオードD_2で電圧を落とし，半波整流して制御電源を作ります．実際には，負電源を作っていて，これをGNDにして回路を動作させます．その理由はトライアックの直流駆動方法です．

トライアックのドライブは，**図2**に示す組み合わせがあり，T_2端子の電圧とゲート電流の向きで駆動モードが規定されます．

なお，この駆動モードは素子のメーカにより呼び方が異なります．ここではNECの方式を示しました．T_2：＋，G：＋をモードIとして，右回りにモードII，III，IVとなります．別のメーカでは数学的な「象限」表示を使って左回りにモードI～IVと規定しています．モードIとIIIは同じですがIIとIVが逆になります．トライアックの種類によってはドライブできない，あるいは感度が悪くなるモードがあるので注意が必要です．

注：このトライアックが入手できないときは，600 V・3～4 Aクラスのものを探して実験してください．ただし，電流が大きすぎるものを選ぶと，負荷が軽いときにON状態を保持しないことがあります．

(a) 外観

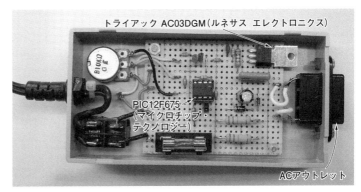

(b) 内部

写真1 製作したはんだこて温度調節器

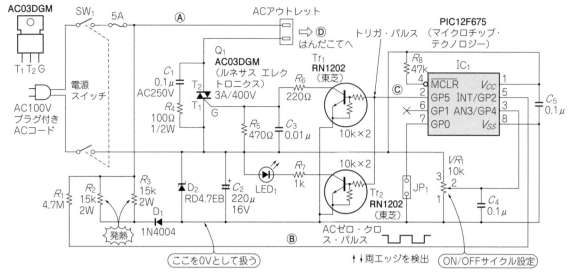

図1 製作した低ノイズはんだこて温度調節器の回路図

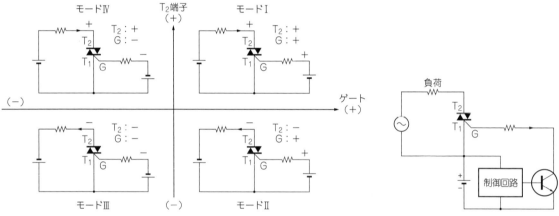

図2 トライアックのトリガ・モード（NECの場合）

図3 トライアックの直流駆動

● トライアックの駆動

図3に示すように，ゲートを負に引っ張ってトリガしています．NECが呼ぶモードⅢとⅣです．このトリガのために負電源が必要になります．

トライアックのT_1端子とPICの電源V_{DD}をつなぎます．GP5でTr_1を駆動し，トライアックのゲートを負電圧（PICマイコンのV_{SS}）に引っ張ります．

● ゼロ・クロス検出

入力AC100Vのゼロ・クロス点を検出には，参考文献(6)で紹介されている方法を使いました．

PICの主なポートにはV_{DD}からV_{SS}に向かって保護ダイオードが入っているので，これを使って入力電圧を制限します．

AC100Vから高抵抗R_1（4.7MΩ）を通して直接駆動でき，保護ダイオードに流れる電流はピークで30μAほどになります．このパルスの立ち上がり/立ち下がりエッジをとらえてトライアックのトリガ点とします．

制御用ソフトウェア

制御用ソフトウェアはアセンブリ言語で制作し，アセンブラには，PA VER3.0.5[5]を使いました．ただし，12F675には対応していないのでデバイス記述ファイルの修正が必須です．configデータの指定も疑似命令ではなく，該当アドレスに対して直接数値で記述します．本書付属DVD-ROMへ収録したソース・ファイルの中にその方法を記しています．

● トリガ・タイミング

AC100VにつないでいるポートGP2は，入力パルスのエッジで割り込みをかけることができます．

こての温度調節を可能にしたAC100 VのON/OFF制御　Column

　真空管時代は，はんだ付けする部品が大きかったので大きな消費電力のこてが必要でした(40～60 W)．ところがこて台に放っておくと温度が上がりすぎ，今のように耐蝕加工されたこて先などありませんので，すぐにこて先を傷めてしまいました．そこで，図Aのような電力半減回路を作ったりしました．

　こてに供給するAC100 Vをダイオードで半波整流し，電力を1/2にしようという工夫です．スイッチONでフル・パワー，OFFすると消費電力が半分になります．こて台にリミット・スイッチを付け，はんだこてを置いたら半分の電力で待機させるような仕掛けを作りました．

　その後，よく雑誌で紹介されたのがトライアックを使った温度調節回路(図B)です．AC100 Vの位相角を制御してONするタイミングを変え，こてに供給する電力を変えようというものです．白熱電球の調光器としても使えます．現在もこのタイプの温度調節器が売られています．逆も真で，調光器がこての温度調節器として使えるのです．

　ただし，トライアックを使った位相角制御では，回路が発生するノイズが大きく(トライアックがONした瞬間に高周波ノイズが出る)，電源コードを通じて輻射されるノイズが実験中の装置に影響を与えたりします．

　ヒータに囲まれたこて先を通じてノイズ・パルスがはんだ付けの対象物に飛び込んでしまうということもあり，厳密な用途ではおすすめできません．

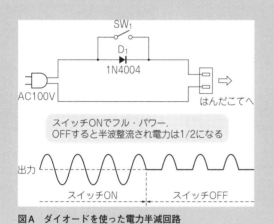

図A　ダイオードを使った電力半減回路

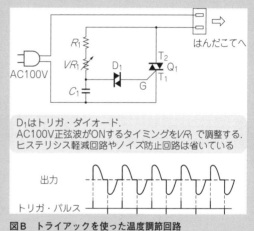

図B　トライアックを使った温度調節回路

　今回は，割り込みではなく，ソフトウェアでフラグINTFをスキャンしてパルスのエッジをとらえます．これがトライアックを駆動する開始タイミングになります．検出後，次の逆相パルスをとらえるために，INTEDGの'0/1'を逆にしておきます．

● AC100 Vのゼロ・クロス点をカウント

　60サイクルぶん正負両波で駆動するので，AC100 Vのゼロ・クロス点を120発カウントします．電源周波数が60 Hzで1秒，50 Hzで1.2秒になります．カウント値は0～119で，120になると0にクリアします．このカウント値と温度設定用可変抵抗VR_1を読み取ったA-D変換値を比較し，トライアックのトリガ・パルスを出力するかOFFのまま保持しておくかを決定します．

● 可変抵抗の読み取り

　電源電圧をV_{ref}にして可変抵抗で分圧されたGP4(AN3)の電圧をA-D変換します．AC100 Vパルスが来るたびにA-D変換し，8ビットで32回単純加算して平均値を算出しておきます．

　120発を数えるカウンタと比較するために，

$$(A\text{-}D値) \times \frac{120}{255}$$

にスケーリングし，0～120の設定値を得ます．

　トライアックのトリガ制御(ON/OFF)は表1のようになります．可変抵抗の値が0なら全区間OFF，可変抵抗の値が1なら120発中の半サイクル1波だけON，119なら120発中の1波だけOFF，120なら全区間ONとなります．

表1 トライアックのトリガ制御

120発カウンタのカウント値 (0〜119)	大小	温度設定 VR_1 のA-D計算値 (0〜120)	トリガON/OFF	
0	≧	0	OFF	
1	≧	0	OFF	全区間OFF
⋮	⋮	⋮	⋮	
119	≧	0	OFF	
0	<	1	ON	
1	≧	1	OFF	半サイクル1波だけON
⋮	⋮	⋮	⋮	
119	≧	1	OFF	
0	<	119	ON	
⋮	⋮	⋮	⋮	半サイクル1波だけOFF
118	<	119	ON	
119	≧	119	OFF	
0	<	120	ON	
⋮	⋮	⋮	⋮	全区間ON
119	<	120	ON	

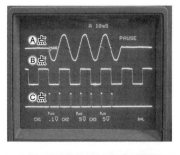

写真2 3.5サイクル駆動した波形(ch1：0.4 A/div, ch2：5 V/div, ch3：5 V/div, 10 ms/div)

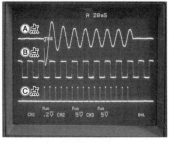

写真3 白熱電球をつないだときの波形(ch1：0.8 A/div, ch2：5 V/div, ch3：5 V/div, 20 ms/div)

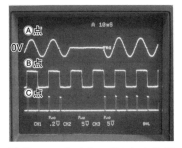

写真4 1.5サイクルOFFした波形(ch1：0.8 A/div, ch2：5 V/div, ch3：5 V/div, 10 ms/div)

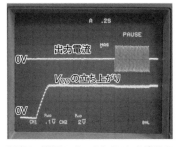

写真5 電源スイッチをONした直後の波形(ch1：0.4 A/div, ch2：2 V/div, 200 ms/div)

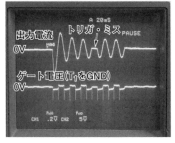

写真6 トリガ・ミスした波形(ch1：0.8 A/div, ch2：5 V/div, 20 ms/div)

● トリガ時間の設定

GP2でAC100 Vのエッジを検出した直後，VR_1の設定によるON/OFFの判断を行います．ONならGP5をONにしたあと，タイマ0を約600 μsにプリセットし，このオーバフローでGP5をOFFに戻します．これでパルス状のトリガ信号を得ます．

なお，PIC12F675は4 MHzの内蔵クロックで動作させています．

制御波形

制御波形を**写真2**〜**写真4**に示します．**写真2**は，はんだこてのヒータを3.5サイクル駆動した波形で，7発のトリガ・パルスが見えています．**写真3**は，はんだこてではなく，40 Wの白熱電球をつないだときの波形です．ONになった瞬間，点灯とともに大きな電流が流れ，その後収束している様子が分かります．**写真4**は1.5サイクルだけOFFにしたときの波形です．

写真5は電源スイッチをONした直後の起動の様子です．平滑コンデンサC_2両端の電圧がツェナー電圧まで上昇するのに時間がかかっています．

写真6は，トリガをミスした様子です．中央付近で正側の半サイクルが1発だけ飛んでいます．ゲートをONしているパルス幅が短いとき(約200 μs)にこの現象が発生しました．下側の波形はトライアックのT_1をGNDにして見たゲート電圧波形です．

● 補足
▶動作表示LED

トライアックを駆動するのと同じタイミングでLEDを点滅表示しています(Tr_2)．パルス幅が短いので高輝度LEDが必要です．R_7を小さくすればLEDに流れる電流が増えて明るくなりますが，電源に乗るリプルが増えてしまいます．

▶消費電流

LED表示を除くと約3 mAです．

ヒータの抵抗値変化を利用した温度制御の欠点　Column

参考文献(1)に「温度センサのいらない温度制御回路」が紹介されていました．温度により抵抗値が大きく変化するヒータを使うと，ヒータの抵抗値を測ればその温度が推定できます．この特性を利用して温度制御を行う方法です．

写真Aの温度調節機能付きはんだこてにもこれと同様の制御回路が使われていました．写真Bのはんだ吸引器にもこのタイプの温度調節回路が仕込まれています．その後もトランジスタ技術誌に掲載された参考文献(2)～(4)で応用回路が紹介されています．

しかし，この回路にも欠点があります．ヒータの消費電力の小さなこてをつなぐと，うまく温度制御できないのです．温度を下げることはできますが，上げることはできません．常用温度域では常に通電状態になってしまい，温度制御の必要がないのです．

実際，写真Aのこてでは80W，写真Bのはんだ吸引器では100Wと熱的に余裕のあるヒータが使われています．パワーがあるので一気に加熱し，その後一定温度となるよう断続的な通電が行われます．このような制御回路は使わず，必要なときだけ手動で加熱するスイッチ付きはんだこてもあります．

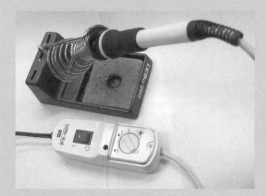

写真A　温度コントローラ付きはんだこて（PX-601）

写真B　はんだ吸引器

▶制御範囲変更用ジャンパJP₁

JP₁をON（ポートGP0をGNDに）すると制御範囲が50～100％に変わります．OFFのままだと0％～100％と全域可変できますが，はんだこての場合には半分以下のパワーにすることはまずないので，これが常用状態になっています．

▶ホット・ボンド接着の修正に

グルー・ガンを使ってホット・ボンドで接着した場所を修正したい場合，少しだけ加熱したはんだこてが便利です．こて先が細いので，再溶融させたときの修正がうまくできます．今回の温度調節器はこんなところでも役に立ちます．

◆参考文献◆

(1) 中郷学，山本博；温度センサのいらない温度制御回路，トランジスタ技術別冊付録，1986年10月号，p.51，CQ出版社．
(2) 竹田保；はんだごてとセンサレス温度コントローラの小研究，トランジスタ技術，1995年10月号，p.319，CQ出版社．
(3) 三宅和司；はんだごて温度コントローラの想い出，トランジスタ技術，1997年2月号，p.232，CQ出版社．
(4) 加納淳；はんだごて温度コントローラの製作，トランジスタ技術，1999年7月号，p.330，CQ出版社．
(5) 落合正弘；PICアセンブラ"PA"，トランジスタ技術，2000年9月号，p.247，CQ出版社．
(6) アプリケーション・ノートAN521，Interfacing to AC Power Lines，マイクロチップ・テクノロジー．

筆者のご厚意により記事中の関連プログラム・ファイルを本書付属のDVD-ROMに収録しています．

（初出：「トランジスタ技術」2008年4月号）

Appendix 4 これがプリント基板の組み立て工程だ！
——フレッシャーズのための紙上工場見学

相田泰志

ここでは，量産時のプリント基板の組み立て（部品実装・出荷検査）工程について解説します．ボード設計者はもちろんのこと，回路設計者であっても，製造工程の知識がなければ，コストや性能の面で最適なプリント基板を設計することはできません．本章で示す写真は，筆者が知っているある会社の実際のプリント基板組み立てラインです．　〈編集部〉

ASIC（Application Specific Integrated Circuit）やFPGA（Field Programmable Gate Array）の大規模化が進み，システムLSI（system on a chip）も身近なものになりつつあります．しかし，こうした大規模なLSIがプリント基板[注1]に取って代わるまでには至っていません．

LSIや抵抗，コンデンサなどの電子部品は，プリント配線板に搭載され，ボードの形になることではじめて機能します．このため，プリント基板は実際に製造できるように設計しなくてはなりません．このためには設計者であっても，基板製造についての知識が必要になります．製造工程を知ることで，低コストで製造できるような設計も可能となります．

ここでは電子機器に欠かせない，プリント基板の製造（組み立て）工程を簡単に紹介します．

プリント基板の組み立ては，
1) 部品実装工程——プリント配線板に部品を取り付ける．
2) はんだ付け工程——はんだ槽やリフロ槽を通してはんだ付けを行う．
3) 修正工程——自動機で作成された基板の確認，修正を行う．
4) チェック工程——部品が間違いなく取り付けられているかどうか，ボードとして正常に機能するかどうかのチェックを行う．

と大きく4工程から成り立っています．

● 2種類の部品の実装方法

電子機器で用いられる部品は，リード部品とSMT（Surface Mount Technology；表面実装技術）部品（SMD：Surface-Mounted Device）の二つに分類されます．

リード部品は，プリント基板上の穴に部品のリード線を差し込んで実装します．SMT部品は，穴をあけることなくプリント基板上に貼り付けるように実装するタイプです．

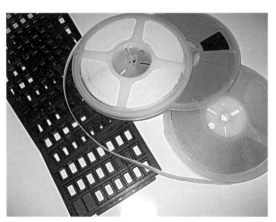
（a）リールとトレー

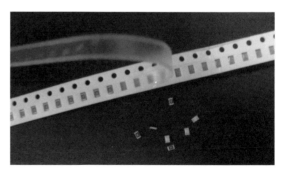
（b）テープに並んだSMT部品

写真1　SMT部品
小型のSMT部品は，長いテープの上に部品が並べられ，そのテープが巻かれたリール形状で供給される．比較的大きなSMT部品は，トレーに並べられた状態で供給される（写真撮影協力：西山工業，以下同）．

注1：部品実装前のプリント板を「プリント配線板」，「ベア・ボード」，「PWB（printed wiring board）」と呼び，部品実装後のプリント板を「プリント回路基板」や「PCB（printed circuit board）」，「ボード」と呼ぶ．「プリント基板」という言葉は，「プリント配線板」としても「プリント回路基板」としても使われている．本章では，部品実装の前後を問わず広い意味のときには「プリント基板」を用いるが，プリント板そのものを指すときは「プリント配線板」，部品実装後を指すときには「ボード」と表記する．

(a) 外観

(b) クリームはんだの印刷部

写真2　クリームはんだ印刷機
SMT部品を実装する場合には，プリント配線板上にクリームはんだと呼ばれるペースト状のはんだを印刷する．

最近のディジタル機器の部品は，ほとんどがSMT部品になりつつあります．しかし，電源や電流容量の大きい場所などでは，リード部品も依然として使われています．

● SMT部品の実装とはんだ付け

写真1にSMT部品の例を示します．小型のSMT部品は，長いテープの上に部品が並べられ，そのテープが巻かれたリール形状で供給されます．また，CPUやメモリなどの比較的大きなSMT部品は，トレーに並べられた状態で供給されます．

SMT部品を実装する場合には，まずプリント配線板上にクリームはんだと呼ばれるペースト状のはんだを印刷します(写真2)．これは，メタル・マスクと呼

(a) 外観

(b) 部品実装部

写真4　SMT部品自動実装機
リールやトレーで供給された部品をプリント配線板の上に載せていく際には，SMT部品自動実装機を用いる．

Appendix 4 これがプリント基板の組み立て工程だ！

写真3 メタル・マスク
クリームはんだをプリント配線板に印刷する際には，はんだを塗る部分だけに穴が空いている金属の板を使用する．

写真5 リフロ槽
SMT部品のはんだ付けにはリフロ槽を用いる．

ばれる版(**写真3**)を使って印刷されます．

次に，クリームはんだの上に部品を実装していきます．これらはSMT部品自動実装機により，指定された位置に実装されます(**写真4**)．SMT部品の自動実装機では，機種によって異なりますが，1台当たりおよそ100種類までの部品を実装することができます．1台の実装機で実装しきれない場合もあるので，多くの実装工場では，実装機を数台並べて，多くの部品を実装できるようにしています．実装速度は部品によっても違いますが，10数個/秒ぐらいが一般的です．

SMT部品は，クリームはんだの上に置かれたままでは運搬などが難しいので，この時点でリフロ槽と呼ばれる加熱槽に入れられます(**写真5**)．リフロ槽で加熱されることによりクリームはんだが溶けて，SMT部品がはんだ付けされます(**図1**)．

また，SMT部品を両面に実装する場合には，プリント基板を表裏逆にして同じ工程を繰り返す両面リフロを用います．また，接着剤でSMT部品を基板に貼り付け，フローはんだ槽(詳しくは後述)を通して実装する方法もあります．

このSMT部品の実装の工程はコンベアで連結され，自動的に流れていきます．

● リード部品の自動実装

自動挿入機用のリード部品は，テープでつながった形で供給されます．

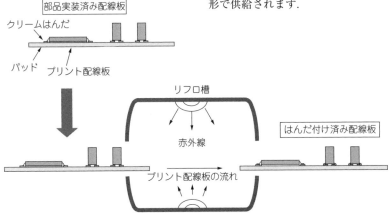

図1 リフロ法
リフロ槽で加熱されることによりクリームはんだが溶けて，SMT部品がはんだ付けされる．

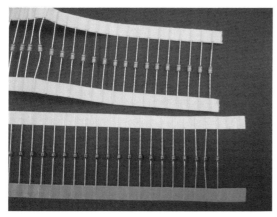

写真6　アキシャル部品
抵抗やダイオードなど，部品の両側をテープで付けられているものをアキシャル部品と呼ぶ．

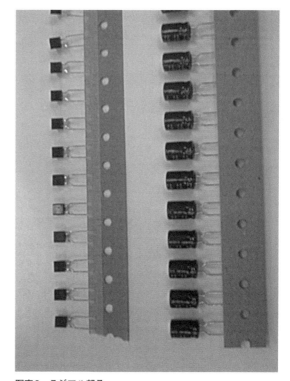

写真8　ラジアル部品
コネクタやスイッチ，トランジスタなど，部品の片側だけがテープで留められているものをラジアル部品と呼ぶ．

　リード部品のうち，抵抗やダイオードなど，部品の両側をテープで付けられているものをアキシャル部品と呼びます（**写真6**）．アキシャル部品はアキシャル部品自動挿入機でリード線をカットし，足を曲げ，プリント基板の穴に挿入します（**写真7**）．そして，プリント基板の裏側（部品実装面と反対側）に出ている部品の足は，プリント基板から抜けないように曲げられます．

　また，リード部品でも，コネクタやスイッチ，トランジスタなどは部品の片側だけテープで留められているものがあります．これをラジアル部品と呼びます（**写真8**）．ラジアル部品はラジアル部品自動挿入機でリード線をカットし，プリント基板上の穴に挿入されます（**写真9**）．

　機種や装てんするマガジンによって異なりますが，リード部品の自動実装機では，1台当たり数十種類の部品を実装することができます．SMTと違いリード部品の場合には，基板を動かしても落ちることがありません．そのため，多くの種類の部品を実装する場合も，部品を入れ替えて同じ機械で実装することで対応できます．実装速度は3～4個/秒ぐらいが一般的です．

● リード部品の手挿入

　リレーやコネクタ，コイルなどの部品のうち比較的

（a）外観

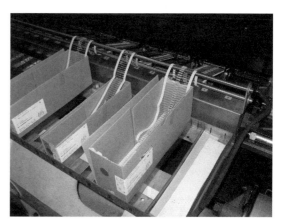

（b）部品装てん部

写真7　アキシャル部品自動挿入機
リード線をカットし，足を曲げ，プリント基板の穴に挿入する．

(a) 外観

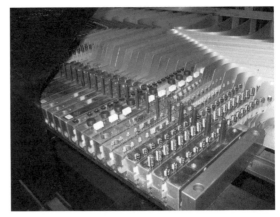
(b) 部品装てん部

写真9　ラジアル部品自動挿入機
リード線をカットし，プリント基板上の穴に挿入する．

写真10　手挿入が必要な部品の例
比較的大型の部品の中には，自動挿入機では挿入できないものがある．

写真11　手挿入工程
手挿入を行う部品は，フォーミングなどを，あらかじめ行っておく．

(a) 外観

(b) はんだ噴流部

写真12　フローはんだ槽
リード部品のはんだ付けには，フローはんだ槽を用いる．

大型の部品の中には，自動挿入機で挿入できないものがあります（**写真10**）．自動実装に対応していない部品は，人間の手でプリント基板に挿入しなければなりません．

部品の挿入にロボットなどを使う場合もあります．しかし，部品に合わせてロボットを設置し，設定しなければならないため，これは大量生産時に限られます．大量生産時を除いては，量産品であっても手挿入がほとんどです．

手挿入を行う部品は，リード線の長さを合わせたり，穴の間隔に合わせてリード線の幅を調整するなどのフォーミングを，あらかじめ行っておきます（**写真11**）．

● リード部品のはんだ付け

リード部品のはんだ付けには，フローはんだ槽と呼ばれる装置を用います（**写真12**）．

フローはんだ槽では，溶かされたはんだが噴流しています．リード部品が挿入されたプリント基板は，このはんだの表面を流れます．プリント基板のレジスト部にははんだが付かず，パッド部分にのみはんだが付くため，部品がはんだ付けされることになります（**図2**）．

最近は鉛フリーはんだが主流です．

● 修正工程

はんだ付けが終わったら，正しく製造されているかどうかを確認します．はんだブリッジ（本来接続されない2点がはんだによってつながってしまっている）や未はんだ（はんだが付いていない）などの部分があれば，修正を行います．

機械実装が完全であれば修正の必要はないのですが，

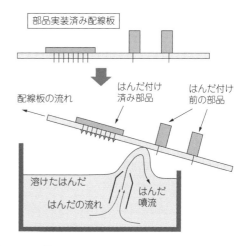

図2　フロー法
フローはんだ槽では，溶かされたはんだが噴流している．リード部品が挿入されたプリント基板は，このはんだの表面を流れる．プリント基板のレジスト部にははんだは付かず，パッド部分にのみはんだが付くため，部品がはんだ付けされる．

実際には100％完全というわけにはなかなかいかないため，簡単なチェックを，やはり人間の手で行います（**写真13**）．

リード部品の手挿入からフローはんだ，修正までは，一連の作業として実施されます．

● チェック工程

ボードが完成したかどうかのチェックを行います．

まず，部品がプリント基板上に間違いなく実装されているかどうかを確認するために，インサーキット・チェッカ（**写真14**）を用います．これは，プリント基板のパターン間の抵抗などを測定することで，部品が正しく実装されているか，間違った部品が実装されて

（a）ラインの様子

（b）人手によるはんだ付け

写真13　修正工程
はんだブリッジや未はんだなどの部分があれば，修正を行う．

写真14 インサーキット・チェッカ
プリント基板のパターン間の抵抗などを測定することで，部品が正しく実装されていることや，間違った部品が実装されていないかをチェックする．

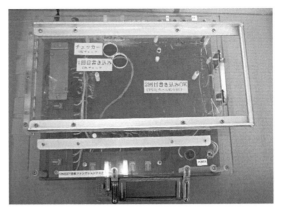

写真15 ファンクション・チェッカの例
ボードを製品に実装したときと同じような模擬負荷を付けて，動作を確認する．

いないかなどをチェックします．最近では，画像認識によるチェッカなどもあります．

次に，ファンクション・チェッカと呼ばれる装置で，機能的なチェックを行います（**写真15**）．製品の種類などによっても違いますが，ボードを製品に実装したときと同じような模擬負荷を付けて，動作を確認します．一般的にファンクション・チェッカは，ボードごとに用意されます．

● 後処理，出荷

プリント配線板に部品が実装され，ボードとして完成します．

製品によっては，環境対策などのためにコーティングと呼ばれる皮膜でボードそのものを覆ったり，振動対策のために大型部品などをシリコンや接着剤などで固定するといった工程が入ります．

これらの工程を経て，出荷となります．

● 製造しやすいハードウェアを設計しよう

簡単ですが，プリント基板の製造過程を紹介しました．巨大な量産工場の場合は別ですが，人の介在するところが意外と多いと感じた方もいると思います．

ボード設計の際には，部品コストや機能はもちろん大切なのですが，どのような工程でどのような順番で実装されるのかというような製造面も重要なファクタとなります．例えば，リード部品を表裏両面から実装するような構造にすると，どちらかの面は，人手ではんだ付けしなくてはなりません．すると，コストにも品質にも跳ね返ってきます．また，部品同士の距離など，実装機で実装できる範囲や，はんだ槽を通したときにはんだがブリッジしにくい方向など，製造設備にかかわる設計制約も少なくありません．

回路設計者自身がパソコン上でプリント基板のアートワークまで行う場合もあります．ハードウェア設計者でも，回路設計だけでなく，使う立場や作る立場になって考えることが大切です．製造しやすいハードウェアを目指した設計ができるように，スキルアップしていきたいものです．

◆参考・引用*文献◆
(1) 浅山哲：ビギナーズのためのプリント基板開発ガイド，Design Wave Magazine，2004年5月号別冊付録．

（初出：「Design Wave Magazine」2006年5月号 特集2 第1章）

Coffee Break
鉛フリーはんだのはんだ付け作法のまとめ

長瀬 隆

いかがですか，鉛フリーはんだを使ってのはんだ付け作業はうまくなりましたか．

本書を読み，DVDを見たあとでも，もうちょっとという人やいまいち自分の作業に納得できていない人がいたら困りますね．最後になりますが，鉛フリーはんだについて，今まで学んできたことをコンパクトに整理します．作業がうまくいかなかったときのヒントになれば幸いです．

*　　　　*

鉛入りはんだと鉛フリーはんだには，**表1**に示すような違いがあります．

鉛フリーはんだは前者に比べ融点が34℃高く，ぬれ広がり性も悪く，仕上がりは光沢のない白っぽい状態です．鉛入り共晶はんだと比較して，あまりよいところがありません．しかし環境対応のため，鉛入りはんだは急速に使用されなくなり，鉛フリーはんだにとって代わられつつあります．

フラックスやはんだこても改良され，鉛フリーはんだのはんだ付け作業も改善されました．現在，従来通りのはんだ付け作法ではいろいろな不具合が生じます．ここでは，いくつかの要点を紹介します．

● 要点1…こては温度調整機能を持つこと

鉛フリーはんだの融点は鉛入りはんだよりも30℃〜50℃高いため，使用するこては温度回復特性に優れた温度調整機能を持つことが必須です．

自宅で電子工作だけをされるのなら，温度調整機能付きのこてなど持っていないと思いますが，鉛フリーはんだを扱うのであれば，この機能付きのこてを準備してください．

鉛フリーはんだは鉛が入っていないため，はんだの広がりが悪く，フラックスなしでのはんだ付けは不可能です．

はんだ付け接合部の適正温度は230℃〜260℃です．これに対し，こての温度は接合部温度＋約100℃が適切といわれているので，330℃〜360℃程度となります．できるだけ低い温度がこて先にとって望ましいのですが，こて先と対象物の熱容量に応じて調整します．

例えば，1608サイズの抵抗と長さ10 mm程度のインダクタをはんだ付けするときでは，パッドの大きさやパッド周りの配線太さが異なるため，当然，熱容量も異なります．従って，こて先の温度も後者の方が高

表1 鉛入りと鉛フリーはんだの違い

	Sn-37Pb	SN-3.5Ag-0.7Cu
融点	183℃（456K）	217℃（490K）
濡れ性／広がり性	90％以上	約75％
仕上がり	光沢がある	白っぽい

くなります．可能であるなら，こて先も太いものに交換して作業したいところです．

● 要点2…こて先を酸化させないこと

鉛フリーはんだを使用したときは，はんだこてのこて先が酸化しやすいという問題も重大です．こて先表面が黒く酸化し，はんだぬれ性を失うことで，はんだ付けができなくなってしまいます．この現象は短時間で発生することもあり，さまざまな対策が必要になります．

▶370℃以下をキープ

こて先が酸化するとパッドに熱が伝わらず，はんだのぬれ性が失われます．その対策として，こて先温度を370℃以下にすることが挙げられます．この理由は380℃以上にするとフラックスが炭化し，こて先およびパッドへの活性度も低下し，こて先が酸化しやすい状態となるからです．

▶はんだをいつも残しておく

こて先表面のはんだめっき部には，絶えずはんだを乗せておきます．

▶酸化したらクリーニング

はんだ付け作業をこて先のクリーニングから始めましょう．酸化膜が発生した状態ではんだ付けすると，正常なはんだ付けができないからです．

● 要点3…鉛フリー特有の手順を習慣付ける

上記を勘案して，鉛フリーはんだのはんだ付けステップを紹介します．
① こて先についたはんだをぬぐう．
② 合部を45°の角度で加熱する．
③ はんだを供給し，はんだの流動性と熱伝導を利用して加熱する．
④ はんだ量を確認しながら，はんだを引く．
⑤ はんだの外観を確認しながらこてを引く．
⑥ こて先を対象から離し，1秒程度冷却時間を確保する．急冷した方が光沢を得られる．
⑦ 作業終了後はこて先をはんだで覆い，電源を切る．

（初出：「トランジスタ技術」2011年11月号特集　コラム）

Supplement はんだ付けの状態から電源投入まで
納入された実装ずみプリント基板の外観チェック

芹井 滋貴

プリント配線板に部品が搭載されました．すぐにでも電源を入れて動かしてみたいところでしょうが，慌てずに目視，テスタによる導通チェック，部分ごとの火入れを行います．その際に見るべき点，気を付けたい点についてまとめておきます．

✓ 1. はんだが付いていなかったり，ボール状のはんだが転がったりしていませんか

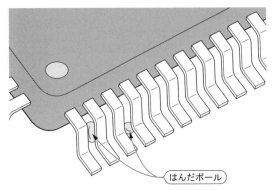

図1-1 はんだボールはコネクタやICの端子間ショートの原因になる

基板メーカがリフロしてくれた基板でも，はんだが付いていない個所はあります．

メタル・マスクではクリームはんだを塗っているのですが，基板の予熱が十分でなかったり，レジストが酸化したりしていると，クリームはんだは「はんだボール」になってしまい，基板上を転がります．肝心の部品のパッドにはんだが乗っていないなどという事態を招きます．

はんだボールがコネクタやICの根元に入り込んで，見えないところでショートしているなんてこともあります（図1-1）．

✓ 2. はんだは富士山形になっていますか

はんだは図2-1(a)のように，横から見ると奇麗な富士山形になっているのが理想ですが，加熱が不十分だったり，フラックスがうまく流れていないと，図2-1(b)のようになります．これを「いもはんだ」と呼びます．

いもはんだの場合，真上からははんだが付いているように見えますが，横から見ると図2-1(b)のように，プリント・パターンにはんだが付いていないので，接触不良となります．

はんだを多く付けすぎると，隣の足まではんだが流れてショートしてしまうので，はんだの吸い取り線などを使って付けすぎたはんだを取り除きます．

 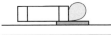

(a) 富士山形　　　　(b) いもはんだ

図2-1 理想的なはんだは富士山形

✓ 3. DIP IC の挿入ミスで端子が曲がっていませんか

(a) 足が外側に曲がっている場合　　(b) 足が内側に曲がっている場合（見落としやすい）

図3-1 ICの挿入ミスで端子が曲がり，接続不良になっていませんか？

ICの足曲がり（図3-1）は，外側に曲がっている場合は見つけやすいのですが，内側に曲がっていると見つけにくいので注意して見ましょう．

ICの足曲がりの場合は接続不良だけでなく，曲がった端子がほかの端子やパターンとショートする場合があります．

☑ 4. IC が逆に実装されていませんか

　IC の逆差しも致命的な問題を引き起こす場合があります．

　ロジック IC の多くは電源が対角上にあり，IC の向きを逆にすると，電源のプラスとマイナスが逆になって IC に加わります．IC に逆電圧が加わるとほとんどの場合，IC を破壊します．IC が壊れるだけでなく，電源とグラウンド間に大電流が流れて，ほかの回路を壊してしまうこともあります．

☑ 5. カットされたリード部品の足くずが転がっていませんか

　リード部品のカットした足が，基板上に残っていることがあります．また，リード部品はないからと油断していると，通い箱の中に落ちていた別基板のリード線が輸送中に IC やコネクタの足の上にすまし顔で乗ってくることもあります．

　IC の足や IC ソケットの先は鋭くとがっている場合があり，手を怪我したり，基板上のケーブルを傷つけることもあります．

☑ 6. 立っているチップ部品がありませんか

　部品そのものが浮いている可能性があります．また，チップ抵抗やコンデンサは部品自体が軽いので，レジスト形状などで左右の温度不均一があると，チップ立ちなどが生じやすくなります（図6-1）．

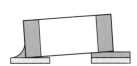
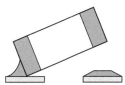

▶図6-1　チップ立ち
左右のランドの温度不均衡によって生じる．

(a) 片側ランドのクリームはんだが先に溶ける
(b) 先に溶けたランドのはんだ張力によりチップ立ちが生じる

☑ 7. コネクタの樹脂が溶けていませんか

　手はんだの際に，はんだこてがコネクタに当たり，コネクタが溶けていることがあります．またコネクタの端子をこてで温めすぎて，コネクタが溶けていることもあります．

☑ 8. 全ての電源 IC の入出力とグラウンド間はショートされていませんか

　目視によるチェックが終わったら，テスタでチェックを行います．簡単な回路であれば，全ての配線をテスタでチェックします．大規模な回路になると，そうもいかないので，必要最小限のチェックを行います．

　テスタでは，最低限，次のチェックを行います．

　グラウンドと電源間の抵抗値を測定し，異常に小さい抵抗値になっていないかを確認します．電源は基板上に複数あります．5V，3.3V，1.8V の3端子レギュレータまたは DC-DC コンバータの入力とグラウンド，出力とグラウンドといった個所を確認しましょう（図8-1）．既に良品と認められた基板があれば，抵抗値を比べながら確認する方法もあります．

　それぞれの電源間のショートも確認します．5V と 3.3V のラインがショートしていると，3.3V に接続している部品に過電圧がかかったり，電源を壊してしまう可能性があります．

　マイコンを搭載している基板で，オンボードの書き込みや，JTAG-ICE によるデバッグ機能がある場合は，この書き込み端子への配線もチェックしておくとよいでしょう．

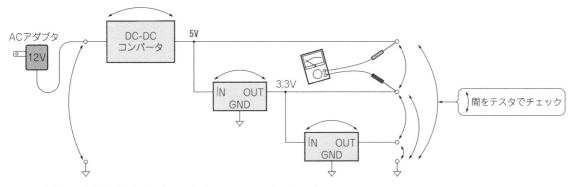

図8-1 電源の入出力間，電源-グラウンド間のショートをテスタでチェック

9. 電源投入直後，熱くなったり臭いを放ったりする部品がありませんか

　電源を入れて最初に行うことは，各部品を一通り軽く触ってみることです．どこか，異常に熱い部品があれば，素早く電源を落とし，その部品の周辺回路をチェックします．やけどをしないように，十分注意しましょう．

　触り方ですが，筆者の場合は，基板の部品面全体を手のひらでさわっていき，はんだ面も同じように触ってみます．電源周りは特に注意して触りましょう．

　基板の匂いをかいでみるのも，初期デバッグでは有効な方法です．異常に加熱している部品があると，部品が焼けた場合に特有のいやな匂いがするので，匂いを感じたら素早く電源を切って，匂いの発生源を調べます．

　部品が爆発する可能性もあるので，匂いをかぐ際は直接鼻を近付けないようにしましょう．

　回路規模がある程度大きい場合，いきなり全ての回路に電源を入れず，ブロックごとに確認していくと安心です．例えば，電源回路やディジタル回路，アナログ回路を，それぞれ個別にチェックしていく方法です．

　ただしこの方法を取るためには，回路設計時にブロックごとに切り離せるようにしておく必要があります（図9-1）．

　火入れは，最初に電源回路，続いてディジタル回路，アナログ回路の順にやっていくとよいでしょう．

　なお，各ブロックごとに分割するために部品を追加するのは無駄なので，無理してブロックを分ける必要はありません．電源とそのほかの回路に分けるだけでもよいでしょう．

（初出：「トランジスタ技術」2010年7月号 特集 第6章）

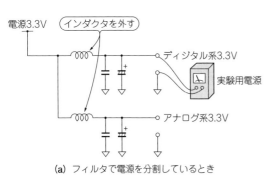

(a) フィルタで電源を分割しているとき

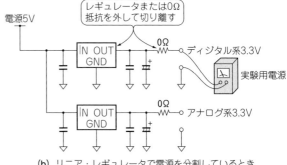

(b) リニア・レギュレータで電源を分割しているとき

図9-1 アナログ電源とディジタル電源を切り離す方法

はんだの付き具合を自動判定する検査装置

Column

外観検査装置は，表面実装部品のパッドが「どのくらいのフィレットを形成しているか」によって実装の合否を判断します．フィレットの良しあしを画像でどのように判定しているのでしょう．

まず，カメラ撮影の際は，照明の角度を変えて何度か撮影します．これによってフィレットの検出を行うのです．画像認識や画像処理によって，フィレットの面積を求めます（図A）．

言い換えると，撮影されたカメラ画像の画素について，フィレットと判断する基準を設定し，フィレットと判定された面積比率によって，部品のはんだの付き具合を判定します．

外観検査装置では，このほかにも部品の有無，実装位置や角度の確認，画像処理での部品の型名確認，文字認識を行ったあとの部品型式の判定，シリアル番号の確認，はんだボールなどの余分なものがないかといった検出が可能です．なお，検査に使用する機種によって精度は異なります．

BGAやCSPのように，外側から確認できないパッケージを検査するために，X線を使用した高価な検査装置もあります．

● **外観検査装置メーカ**

筆者の知っている外観検査装置メーカを下記に挙げます．このほかにも多くのメーカが日本の高密度実装を支えています．

- マランツエレクトロニクス㈱
  http://www.model22x.com/
- ㈱サキコーポレーション
  http://www.sakicorp.com/
- オムロン㈱
  http://www.fa.omron.co.jp/
- パナソニック㈱
  http://industrial.panasonic.com/

〈浮森 秀一〉

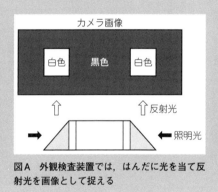

図A 外観検査装置では，はんだに光を当て反射光を画像として捉える

■**本書の執筆担当一覧**
- Introduction…長瀬 隆
- キーワード集…武田 洋一
- 第1章…東村 陽子 / 柿崎 弘雄
- Appendix 1…平井 惇
- 第2章…大西 修
- 第3章…山下 俊一 / 柿崎 弘雄 / 浜田 智 / 佐々木 康弘
- 第4章…山下 俊一 / 柿崎 弘雄 / 大塚 善弘
- Appendix 2…大塚 善弘
- 第5章…大西 修(文) / 山下 孝一 / 山下 俊一(動画撮影協力)
- 第6章…宮崎 充彦 / 上谷 孝司 / 長瀬 隆 / 武田 洋一 / 平井 惇
- 第7章…上谷 孝司 / 武田 洋一 / 宮崎 充彦
- 第8章…浮森 秀一
- 第9章…浮森 秀一
- 第10章…長瀬 隆 / 平井 惇 / 武田 洋一
- Appendix 3…下間 憲行
- Appendix 4…相田 泰志
- Coffee Break…長瀬 隆
- Supplement…芹井 滋喜 / 浮森 秀一

■初出一覧

●第1章
トランジスタ技術2011年11月号，東村 陽子，特集 第4章 「毎日使う金属用接合剤「はんだ」の基礎知識」，ほか

●第3章
トランジスタ技術2011年11月号，山下 俊一ほか，特集 第1章 「写真で見る正しい部品のはんだ付け」

●第4章
トランジスタ技術2011年11月号，山下 俊一ほか，特集 第2章 「写真で見る正しい部品の取り外し方」

●第6章
トランジスタ技術2011年11月号，宮崎 充彦ほか，特集 第5章 「今どきのはんだ付けグッズ①…ないと始まらない小道具」

●第7章
トランジスタ技術2011年11月号，上谷 孝司ほか，特集 第6章 「今どきのはんだ付けグッズその②…メーカ・オリジナルのユニーク・ツール」

●第9章
トランジスタ技術2011年11月号，浮森 秀一，特集 第3章 「ピン・ピッチ変換グッズのいろいろ」

●第10章
トランジスタ技術2011年11月号，長瀬 隆ほか，特集 第7章 「今どきの部品取り外しグッズ…優れものマシン」

●Appendix 3
トランジスタ技術，2008年4月号，下間 憲行，「小電力タイプ対応のはんだごて温度調整器」

●Appendix 4
Design Wave Magagine，2006年5月号，特集2 第1章，相田 泰志，「これがプリント基板の組み立て工程だ！」

●Coffee Break
トランジスタ技術2011年11月号，長瀬 隆，第1章コラム「鉛フリーはんだのはんだ付け作法」

●Supplement
トランジスタ技術，2010年7月号 特集 第6章，芹井 滋貴，「納入された実装ずみプリント基板の外観チェック」

索 引

【数字】

0.5 mm ピッチ・コネクタ　48
0603　38
100 mil　94
1608　107
2012　107
2.54 mm　94
2端子部品　34
3216　60
3端子部品　41, 62
8ピンIC　44, 64, 109

【アルファベット】

B型　78
C/BC型　78
CF/BCF型　78
CM/BCM型　78
D型　78
FR-4　8, 30
ICパッケージ　29
I型　78
J型　78
K型　78
LED　36
N_2 ガス　91
OPアンプ　44, 109
QFP　44
SMD　128
SMT　128
SOP　44
ZIFソケット　96

【あ・ア行】

赤目　57
アキシャル部品　131
糸はんだ　8
糸はんだ供給器　92
いも付け　57
いもはんだ　8, 136
インサーキット・チェッカ　133
インダクタ　37
裏面に放熱用パッド　52

大型2端子部品　60
温度ヒューズ　49

【か・カ行】

外観検査装置　139
ガラス・エポキシ基板　8, 30
機械式クリーナ　84
狭ピッチIC　46
クリーニング・ワイヤ　84
クリームはんだ　8, 89, 129
クワッド型　78
顕微鏡　87
小型2端子部品　59
極小2端子部品　38
こて2本　64
こて先　77
こて先温度　123
こて先クリーナ　83
こて先の種類　78
コネクタ　67, 111
コンデンサ　37

【さ・サ行】

サスゾール　80
酸化膜　32
シール基板　105, 109
蛇の目基板　94
ジャンパ線　70
水蒸気爆発　31
水晶振動子　65
ステーション・タイプ　74
ストレート・コネクタ　50
スパチュラ型　78
スルーホール　100
積層基板　30
積層セラミック・コンデンサ　68
セラミック・ヒータ・タイプ　75
ゼロ・クロス制御　123
洗浄　33

【た・タ行】

ダイオード　37
耐熱性　29

多ピンIC	66	不濡れ	54
チップLED	39	部品取り外し	59, 114
チップ部品	107	部品配置	96
直列接続	72	フラックス	8, 10, 16, 32, 79
つの	57	ブリッジ	57
低温はんだ	121	ブリッジはんだ	100, 108
抵抗	34	プリヒータ	117
テープ	129	プリフォーム	12, 33
鉄めっき	77	プリプレグ	30
手袋	88	プリント基板	29, 128
電解コンデンサ	40, 61	フロー	8, 133
同軸ケーブル用コネクタ	51	並列接続	72
トライアック	123	ペースト状クリーナ	84
取り外しキット	121	べたパターン	101
トンネル型	78	放熱パッド	63

【な・ナ行】

鉛入りはんだ	9, 28	放熱パッド付き3端子部品	42
鉛フリーはんだ	8, 11, 29, 43, 135	放熱板	30
ニクロム・ヒータ・タイプ	74	母材	26
濡れ角	54	ホットエアー	64, 114
		ホットツイザー	116

【は・ハ行】

【ま・マ行】

配線	97	マイグレーション	8, 33
パターン・カット	69	マイコン	46
パターンはく離	58	メタル・マスク	129
パッケージ吸湿	31	メモリ	46

【や・ヤ行】

パッド	8	ヤニ付け	58
ハロゲン・フリー	19, 79	有害ガス吸煙器	85
板金用固形フラックス	79	融点	26
はんだこて	74	ユニバーサル基板	94
はんだこて温度調節器	123	予熱	8
はんだ材量	26	予備加熱	30

【ら・ラ行】

はんだ吸い取り機	118	ラジアル部品	131
はんだ吸い取り線	80	ランド	8
はんだ付け	4, 12, 99	リード部品	128
はんだブリッジ	8	リール	129
はんだ量過多	58	リフロ	8, 12, 130
ひけ巣	8	ルーペ	87
ピッチ変換	103	連結ピン	113
ヒューム	8	ロジン系フラックス	79
表面実装トランジスタ	105		
ピン・ピッチ	103		
ピンセット	81		
ピンポイント加熱器	120		
ファンクション・チェッカ	134		
フィレット	8, 55		

- ●本書記載の社名,製品名について ── 本書に記載されている社名および製品名は,一般に開発メーカーの登録商標または商標です.なお,本文中では ™,®,© の各表示を明記していません.
- ●本書掲載記事の利用についてのご注意 ── 本書掲載記事は著作権法により保護され,また産業財産権が確立されている場合があります.したがって,記事として掲載された技術情報をもとに製品化をするには,著作権者および産業財産権者の許可が必要です.また,掲載された技術情報を利用することにより発生した損害などに関して,CQ出版社および著作権者ならびに産業財産権者は責任を負いかねますのでご了承ください.
- ●本書付属のDVD-ROMについてのご注意 ── 本書付属のDVD-ROMに収録したプログラムやデータなどを利用することにより発生した損害などに関して,CQ出版社および著作権者は責任を負いかねますのでご了承ください.
- ●本書に関するご質問について ── 文章,数式などの記述上の不明点についてのご質問は,必ず往復はがきか返信用封筒を同封した封書でお願いいたします.勝手ながら,電話でのお問い合わせには応じかねます.ご質問は著者に回送し直接回答していただきますので,多少時間がかかります.また,本書の記載範囲を越えるご質問には応じられませんので,ご了承ください.
- ●本書の複製等について ── 本書のコピー,スキャン,デジタル化等の無断複製は著作権法上での例外を除き禁じられています.本書を代行業者等の第三者に依頼してスキャンやデジタル化することは,たとえ個人や家庭内の利用でも認められておりません.

JCOPY 〈(社)出版者著作権管理機構委託出版物〉
本書の全部または一部を無断で複写複製(コピー)することは,著作権法上での例外を除き,禁じられています.本書からの複製を希望される場合は,(社)出版者著作権管理機構(TEL:03-3513-6969)にご連絡ください.

DVD-ROM付き

本書に付属のDVD-ROMは,図書館およびそれに準ずる施設において,館外へ貸し出すことはできません.

見ればわかる!正統派のはんだ付け[動画DVD付き]

編　集	トランジスタ技術SPECIAL編集部	2015年1月1日発行
発行人	寺前　裕司	©CQ出版株式会社 2015
発行所	CQ出版株式会社	(無断転載を禁じます)
	〒170-8461　東京都豊島区巣鴨1-14-2	定価は裏表紙に表示してあります
電　話	編集 03-5395-2148	乱丁,落丁本はお取り替えします
	広告 03-5395-2131	
	販売 03-5395-2141	編集担当者　鈴木 邦夫/野村 英樹
		DTP・印刷・製本　三晃印刷株式会社
振　替	00100-7-10665	Printed in Japan